Neuropedia
뇌

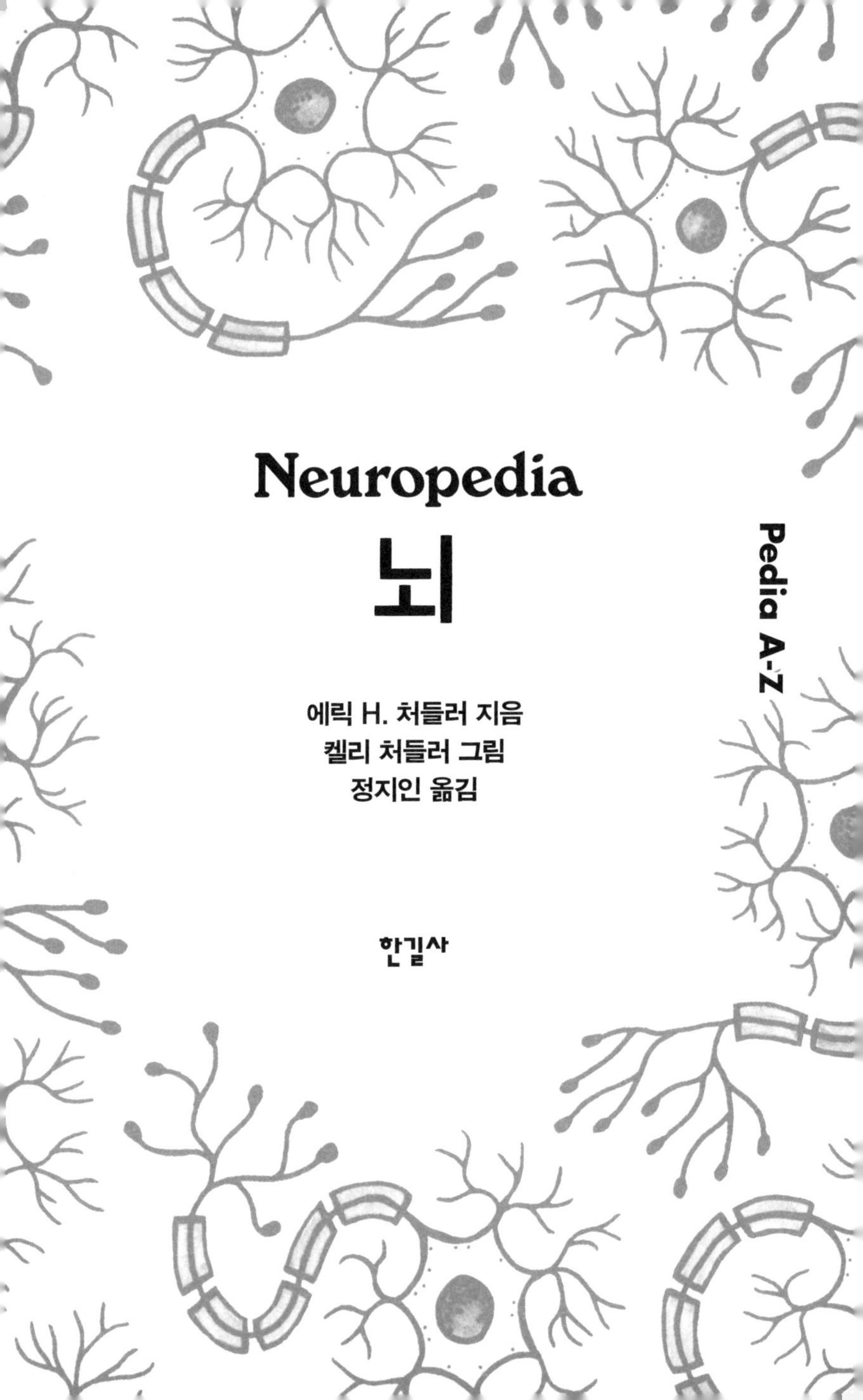

Neuropedia

뇌

Pedia A-Z

에릭 H. 처들러 지음
켈리 처들러 그림
정지인 옮김

한길사

Neuropedia:
A Brief Compendium of Brain Phenomena
By Eric H. Chudler and Kelly Chudler

일러두기

- 이 책은 Eric H. Chudler가 쓴 *Neuropedia*(Princeton University Press, 2022)를 번역한 것이다.
- 독자의 이해를 돕기 위해 각주에 옮긴이주를 넣고 '—옮긴이'라고 표시했다.

글을 시작하며

우리의 뇌가 신비로 남아 있는 한, 뇌 구조의 반영인
우주 역시 신비로 남을 것이다.
—산티아고 라몬 이 카할Santiago Ramón y Cajal, 1922*

신경과학의 선구자 산티아고 라몬 이 카할1852~1934이 한 말은 수세기 동안 뇌의 작동을 해명하려 노력한 많은 과학자와 철학자의 생각을 반영한다. 이 남자들과 여자들은 자신이 살던 시대의 가장 발전된 도구와 기술을 활용하여 비유적으로도 글자 그대로도 뇌를 탐사하며 신경 질환의 진료법과 치료법을 찾고, 우리를 인간이게 하는 근원을 찾고자 노력했다.

뇌 연구 분야에는 다양한 학문적 배경에서 출발해 각자 다른 경로를 거쳐 들어온 과학자가 많다. 의학 학위나 신경과학, 생물학, 화학, 물리학, 생명공학, 생리학 등 관련 분야의 박사 학위를 갖고 이 분야에 들어와 신경과학자가 되는 이들도 있다. 또 자연과학 이외의 분야에 있다가, 예컨대 대학에서 음악이나 철학을 전공한 뒤 신경과학계로 오는 이들도 있다.

나의 경우에는 대학 생활 후반기에 접어들기 전까지 신경과학은 희망 직종에 포함되지 않았다. 어린 시절 나는 로스앤젤레스와 쿠알라룸푸르와 고베에서 자랐다. 캘리포니아 남부의 콘크리트와 아스팔트 도로를 따라 자전거를 타고 달리든, 말레이시아의 우리 집 주위를 에워싼 배수로를 헤집고 다니든, 고베에서 학교 뒷동산에 오르든 나는 가능하면 집 밖으로 나가려고 애썼다. 고등학교 때 직업적성검사에서 삼림학자가 가장 적합하다는 결과가 나온 것도 아마 야외에 대한 이런 사랑 때문일 것이다.

두 분 다 교사셨던 부모님은 과학을 공부한 적은 없었지만, 주제가 무엇이든 상관없이 늘 내 관심을 따라가도록 격려해주셨다. 고등학교 시절 내 관심사는 주로 스포츠였다. 그러다 고등학교 졸업반 시절에 해양생물학 수업을 들었는데, 이 수업에서는 바닷속과 바다 주변에 사는 무척추동물과 새, 물고기, 포유류에 관해 배웠다. 이 수업으로 자연에 관한 호기심에 불이 붙었고, 해양 생물에 관해 더 배우고 싶은 마음이 생겼다.

그때부터 주말이면 차로 30분을 달려 로스앤젤레스 해변으로 갔다. 모래밭에 앉아 있으려고 간 게 아니라 조수 웅덩이를 탐험하러 간 것이었다. 거기서는 하루가 다르게 새롭고 예상치 못한 것들을 발견할 수 있었다. 나는 몇 시간이고 큰 돌들을 뒤집고 조심스럽게 다시 제자리로 돌려놓으며 모래사장과 바다가 만나는 지점에 숨어 사는 무척추동물들을 관찰했다. 요즘에도 일 년에 몇 번은 조석표를 확인한 뒤 퓨젓사운드만에 있는 조수 웅덩이를 찾아간다.

1976년에 캘리포니아대학 로스앤젤레스(UCLA)에 입학했을 때는 내가 해양학자가 될 거라고 생각했다. 내가 가장 좋아한 무척추동물 생물학 수업에서는 간간이 로스앤젤레스 주변에 있는 여러 만으로 야외 수업을 나가기도 했는데 그때 학생들은 보트를 타고 저인망으로 바다 밑바닥을 훑어서 구슬우렁이, 해삼, 연충과 기타 동물들을 끌어올렸다. 우리는 그렇게 잡은 표본들을 실험실로 가져와 공부했다. 강의 시간에 교수님은 자신이 따뜻한 남태평양 해역에서 새우를 연구하며 보낸 시절의 이야기로 학생들을 즐겁게 해주셨다. 정말 멋진 직업일 것 같았다. 돈을 안 줘도 기꺼이 나서서 하고 싶은 일을 심지어 돈을 받아가며 할 수 있으니 말이다.

나의 학문적 경로는 UCLA 3학년이 시작될 때 심리학 입문 강의에 등록하면서 새로운 방향으로 접어들었다. 그 수업의 강사인 존 리브스킨드 박사John Liebeskind, 1935~97는 자신을 생리심리학자라고 소개했는데, 요즘 말로 하면 신경과학자다. 당시의 나는 몰랐지만, 리브스킨드 박사는 뇌 자체가 지닌 통증 억제 시스템에 관한 여러 중요한 사실을 발견한 혁신적인 연구자였다. 어느 날 뇌에 관한 강의를 마친 뒤 리브스킨드 박사는 학생들에게 자기 연구실로 와서 잠시 둘러보고 가라고 했다. 나는 그 제안을 받아들인 서너 명의 학생 중 하나로, 심리학과 건물 지하에 있는 교수님의 연구실로 따라갔다.

교수님은 연구실을 간단히 구경시켜주더니, 우리 중 이튿날 연구실에 다시 오는 학생이 있다면 누구든 자기 연구실의 일원이 될 수 있다고 말했다. 나는 다음 날에도 거기에 간 유일한 학생이었고, 그런 나를 본 대학원생들과 박사후연구원들은 잽싸게 나에게 일을 시켰다. 1992년까지 UCLA 학부에는 신경과학 전공이 없었기 때문에 대신 나는 심리생물학으로 전공을 바꾸었다. 1980년에 심리생물학 학사 학위를 받고 졸업할 때까지 나는 리브스킨드 교수의 연구실에서 학부생 자원 연구자로 일했다. 이어서 석사 학위와 박사 학위를 받은 메릴랜드주 베세즈다에 있는 국립보건원 연구원이 되어, 뇌가 촉각 및 통증과 관련된 정보를 처리하는 방식을 연구했다. 최종적으로 나는 워싱턴대학에 자리를 잡았고 1991년부터 계속 그곳에서 일하고 있다.

신경과학은 연구자들과 의사들만이 아니라 모든 사람에게 중요하다. 누구나 신경학적 질환에서 영향을 받은 사람을 알고 있을 가능성이 있다. 알츠하이머병, 파킨슨병, 다발성경화증, 우울증, 자폐장애, 뇌졸중, 조현병… 이렇게 신경학적·정신의학적 장애의 목록은 계속 이어진다. 이런 병들은 환자와 가족, 간병인에게 어마어마한 감정적·경제적 피해를 입힌다. 모든 사람이 뇌에 관해 아는 게 더 많아진다면, 이런 질환을 앓는 사람들의 마음을 더 잘 이해하고, 신경학적 질환에 따라붙는 낙인을 줄이며, 그들이 그 질환에 더 잘 대처하도록 도울 수 있지 않을까. 질병과 장애를 더 잘 이해하기 위해서만이 아니다. 신경과학은 아주 빠른 속도로 발전하고 있으므로 잡지나 신문, 웹사이트의 글을 읽기 위해서라도 누구나 뇌 연구에 관한 기본적인 이해를 필수적으로 갖춰야 하는 상황이 됐다.

요즘에는 대중적 매체의 글을 읽을 때도 뇌에 관한 이야기를 보지 않고 넘어가기가 어렵다. 그런데 안타깝게도 뇌에 관한 잘못된 정보와 오해도 상당히 많다. 일례로 우리가 뇌의 아주 작은 부분만 사용한다는 흔한 믿음도 그 가운데 하나인데, 사실 우리는 뇌 전체를 다 사용한다. 그러니 뇌 연구에 관해 잘 알면 미디어에 나오는 정보를 더욱 비판적으로 분석할 수 있을 것이다. 나아가 새로운 신경과학적 발견은 법정과 교실, 회사 등 사회의 많은 부문에 영향을 미치고 있다. 변호사들은 뇌 영상을 활용해 배심원들의 마음을 움직이고, 교사들은 교육적 관행을 개선하기 위해 신경과학에 의지하며, 산업계는 뇌 기능을 강화할 새로운 방법을 개발하고 있다. 신경과학에 관한 지식을 갖춘 사회라면 그러한 발전들을 어떻게 개발하고 보급해야 할지에 관한 논의를 더 잘 준비할 수 있다.

나는 독자들이 이 책으로 신경과학 분야와 관련된 개념과 용어·구조·인물에 관해 즐겁게 배울 수 있기를 바란다. 이 책 하나로 신경과학 용어와 뇌 구조, 영향력 있는 신경과학자를 모두 수록하고 상세히 설명할 수는 없지만 여러분의 호기심을 자극하고 여러분이 신경과학에 더 친숙해져서 뇌에 관해 더 배우고 싶다는 의욕을 느끼게 할 만한 항목들을 실으려고 노력했다. 신경과학적 사실들과 인물들을 아는 것은 뇌에 관한 배움의 작은 한 부분에 지나지 않으며, 신경과학자들도 뇌의 작동 방식을 완전히 이해한다고 주장하지는 않는다. 이 책은 사실과 인물을 단순히 나열하는 것이 아니라, 신경과학자들이 뇌에 관한 이론을 어떻게 수립하는지, 그리고 세월이 흐르는 동안 신경과학이 어떻게 발전해왔는지에 대한 기본적인 이해를 제공하고자 한다.

신경과학 연구는 일부 뇌 질환에 대한 새로운 처치법과 심지어 치료법까지 제공해왔지만, 다수의 신경학적 질환에 대한 효과적인 치료법은 여전히 찾기가 어렵고, 일부 기본적인 신경학적 기능들(예컨대 의식)은 바탕이 되는 메커니즘조차 아직 밝혀지지 않았다. 그렇다고 오해는 마시길. 연구자들은 매년 수천 편의 논문을 통해 건강한 신경계와 병이 생긴 신경계에 대한 이해에 기념비적인 발전을 이루었다. 그 논문들은 우리 인간을, 그리고 자연에서 우리가 차지하는 위치를 더욱 잘 이해하게 해줄 퍼즐의 조각들이다. 물론 아직도 찾지 못한 조각들이 많지만.

여러분이 뇌와 신경계에 관해 갖고 있던 의문들에 이 책이 답해줄 수 있다면 좋겠다. 나의 의도는 세계 각지의 연구실에서 매일같이 일어나는 발견의 과정들을 여러분이 들여다볼 수 있도록 창문 하나를 열어두는 것이다. 뇌의 신비에 관한 답들은 인간이란 어떤 존재인가 하는 문제에서 핵심을 차지한다.

학생들은 곧잘 내게 신경과학자로 살면 좋은 점이 뭐냐고 묻는다. 이 질문에 대한 나의 대답은 내가 조수 웅덩이에서 돌들을 들춰보던 이유와 똑같다. 요컨대 거기서 무엇을 발견하게 될지 결코 알 수 없기 때문이다. 뇌가 작동하는 방식에 관해 우리는 엄청나게 많은 것을 알고 있지만, 여전히 알아야 할 것이 훨씬 더 많다. 『Pedia A-Z: 뇌』가 독자 여러분에게 돌 몇 개를 뒤집어볼 마음을 불어넣어준다면 좋겠다.

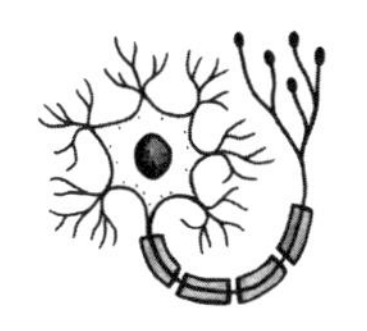

동물 중에
인간만 술맛을
아는 건 아니다.

Action Potential 활동전위

신경계 전체에서 정보를 전달하는 의사소통의 기본 단위인 전기 신호. 활동전위는 시속 400킬로미터 이상의 속도로 이동하며, 뉴런의 전기·화학적 메시지를 근육과 기관, 그리고 다른 뉴런들에게 재빨리 전달함으로써 우리의 동작과 감정, 인지, 사고, 행동을 통제한다.

우리 몸속에는 전하를 띤 입자들인 이온이 있다. 활동전위가 일어나려면 양전하를 띤 소듐 이온Na^+ 및 포타슘 이온K^+과 음전하를 띤 염화 이온Cl^- 및 단백질 분자들이 각각, 뉴런의 반투과성 세포막 안과 밖에서 서로 다른 쪽에 서로 다른 양으로 자리하고 있어야 한다. 이럴 때 뉴런의 내부와 외부 사이에 전위차가 생긴다. 뉴런이 신호를 보내지 않는 휴지기에는 뉴런 내부의 전하가 외부의 전하보다 더 음의 값을 띤다. 이는 소듐 이온은 포타슘 이온에 비해 세포막 안팎으로 쉽게 이동하지 못하며, 소듐-포타슘 펌프

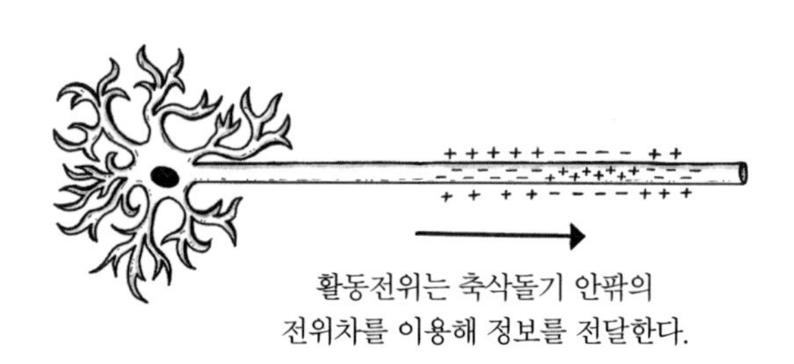

활동전위는 축삭돌기 안팎의
전위차를 이용해 정보를 전달한다.

라는 막단백질은 포타슘 이온 두 개를 뉴런 내부로 들여놓을 때마다 소듐 이온 세 개를 내보내기 때문이다. 사실 대부분의 뉴런 내부는 외부에 비해 약 70밀리볼트 음의 값을 띤다.

뉴런이 축삭돌기[1)]를 따라 내려가며 신호를 보낼 때는, 세포막 전체에서 소듐 이온과 포타슘 이온이 신속하게 들어오고 나가면서 활동전위라 불리는 전기 신호가 만들어진다. 활동전위 중에는 뉴런 세포막에 있는 통로를 통해 소듐 이온들이 뉴런 내부로 쏟아져 들어오며, 이 결과 뉴런 내부는 더 양의 전하를 띠게 된다. 잠시 후에는 또 다른 통로들이 열리며 포타슘 이온들이 뉴런 세포막을 가로질러 뉴런 밖으로 흘러나가고, 소듐 통로들은 닫히기 시작한다. 이렇게 되면서 뉴런은 더 음전하의 상태가 되고 결국에는 뉴런의 안팎에서 모든 이온의 농도가 원래 수준으로 돌아간다. 이 전체 과정은 몇 밀리 초밖에 걸리지 않는다. 또한 활동전위는 '실무율'all or none을 따르는데, 이는 활동전위가 일단 시작되면 축삭돌기를 따라 전도되며 내려가는 동안 같은 크기의 전압을 유지한다는 뜻이다.

앨런 로이드 호지킨Alan Lloyd Hodgkin, 1914~98과 앤드루 헉슬리 Andrew Huxley, 1917~2012는 활동전위에 관한 기초적 연구로 1963년 노벨 생리학·의학상을 공동 수상했다. 이들은 오징어의 거대 축

1) axon: 신경 세포에서 뻗어나온 긴 돌기—옮긴이.

삭돌기를 사용해 이온들이 뉴런의 세포막을 드나들며 어떻게 활동전위를 만들어내는지 알아냈다.

더 찾아보기: 오징어 거대 축삭돌기, 뉴런, 신경전달물질

Ageusia 무미각증

미각을 완전히 잃은 상태. 맛을 느끼지 못한다고 목숨에 지장이 생기는 건 아니지만, 식욕이 떨어져 삶의 소박한 즐거움 하나가 사라질 수 있다. 나이가 들어가면서 미각이 둔해지는 사람은 많지만, 맛을 보는 능력을 완전히 상실하는 것은 흔치 않은 일이다.

무미각증은 혀의 감각신경(안면신경과 설인신경)이 손상을 입거나 감염되거나 상처를 입었을 때 생길 수 있다. 머리나 목 부위의 암 치료를 위한 방사선 치료가 미뢰나 신경, 침샘을 손상시켜 무미각증을 일으킬 수도 있다. 또한 무미각증은 일부 항생제, 각성제, 항정신병약의 부작용으로도 나타날 수 있다고 알려져 있다. 특정 약물의 사용을 그만두거나 다친 상처가 나으면 미각이 되살아나는 경우도 있다.

미각 상실은 공중보건기관들이 작성한 코로나바이러스감염증-19의 증상 목록에도 포함되어 있다. 코로나-19 증상 중 가장 흔히 보고되는 것은 발열, 기침, 피로이지만, 감염 환자의 약 40퍼센트가 미각이 심하게 저하되었다고 밝혔다.*

더 찾아보기: 코로나바이러스감염증-19, 뇌신경

Alcohol 알코올

곡물이나 과일즙, 꿀이 발효되어 만들어지는 중추신경 진정제. 알코올(에탄올)은 수천 년 전부터 사람들이 소비해 왔으니 세상에서 가장 오래된 마약일 것이다. 사람이 술을 마시면 알코올은 위와 소장을 거쳐 혈류로 들어간다. 그런 다음 심장의 펌프질로 알코올이 뇌로 보내지면, 뇌에서 긴장을 이완하고 억제를 해제하며, 반사 작용과 반응 속도를 떨어뜨리고 협응에 영향을 미친다. 한마디로 사람을 취하게 하는 것이다. 적은 양의 알코올은 사람이 바보짓을 하게 만들 수 있지만, 과도한 알코올 섭취는 호흡 곤

붓꼬리나무두더지도 사람만큼이나 술맛을 아는 애주가다.

란과 의식상실을 초래할 수도 있고 심지어 사망을 불러올 수도 있다.

알코올 분자는 크기가 작고 지질과 물에 용해되므로 혈뇌장벽[2]을 쉽게 통과할 수 있다. 알코올을 만성적으로 섭취하면 그 결과 뇌의 크기가 줄고, 뇌실[3]이 커지며, 비타민 B_1(티아민) 결핍이 생길 수 있다. 티아민 결핍은 베르니케 뇌병증, 다른 말로 코르사코프 증후군을 초래할 수 있는데, 이는 기억 손상, 착란, 동작 장애가 특징적인 신경 질환이다. 태아 발달기에 알코올에 노출된 아기는 태아 알코올 증후군을 지닌 채 태어나기도 한다.

알코올은 뇌의 여러 영역과 몇몇 신경전달물질계에 영향을 미쳐, 세로토닌과 글루타메이트, 가바(감마아미노부티르산)의 수용체에 결합하며, 도파민 분비를 유도한다. 취했을 때 나타나는 증상은 뇌의 특정 부위에 알코올이 미친 영향의 결과다. 예를 들어 알코올은 (1) 해마의 기억 형성 능력, (2) 소뇌의 균형 통제력, (3) 전두엽의 판단 관리 능력을 방해한다. 간단히 말하자면 알코올이 일으키는 결과는 신경계를 둔화시키는 것이다.

동물 중에 인간만 술맛을 아는 건 아니다. 붓꼬리나무두더지는 발효된 베르탐야자나무 꽃에서 생긴 술을 마신다.* 그러나 동남아

2) blood-brain barrier: 뇌로 가는 혈관에 존재하는 장벽. 뇌에 외부 물질이 들어오지 못하게 막는다—옮긴이.
3) ventricle: 뇌척수액으로 채워진 뇌 안의 빈 곳—옮긴이.

시아의 이 작은 포유동물은 취한 것 같은 행동 신호는 전혀 보이지 않으며 술집에서 싸움을 벌이는 일도 없다.

더 찾아보기: 혈뇌장벽, 소뇌, 도파민, 태아 알코올 증후군, 전두엽, 가바, 해마, 세로토닌

Alien Hand Syndrome 외계인 손 증후군

손이 본인의 의지와 상관없이 움직이는 신경 질환으로, 손의 주인은 자기가 아닌 다른 존재[4)]가 손의 움직임을 통제한다고 인식한다. 1964년에 스탠리 큐브릭Stanley Kubrick, 1928~99이 제작 및 감독한 영화 「닥터 스트레인지러브」에는 피터 셀러스Peter Sellers, 1925~80가 연기한 주인공 스트레인지러브 박사가 자신의 오른팔이 통제되지 않자 왼팔로 오른팔을 억제하려 애쓰는 장면이 등장한다. 이 영화로 외계인 손 증후군에는 닥터 스트레인지러브 증후군이라는 별명도 생겼다.

외계인 손 증후군이 있는 사람은 사실 손을 의도적으로 움직이지만, 자신이 그 팔을 통제하는 게 아니라고 믿고 마치 그게 자기 팔이 아닌 것처럼 행동한다.* 그 '남의' 손에게 이름을 지어주는 사람들도 있다. 이 증후군은 뇌졸중이나 트라우마, 또는 뇌들보나 전

4) 외계인 손 증후군이라는 용어가 많이 쓰이지만 '외계인 손'보다는 '남의 손'이라고 이해하는 게 더 적절하다—옮긴이.

'외계인 손' 증후군은 본인의 의지와 상관없이
손이 움직이는 신경 질환이다.

두엽, 두정엽에 생긴 질환의 결과로 발생할 수 있다. 한 가설은 동작을 계획하고 통제하는 일을 담당하는 뇌 영역들 사이의 연결이 끊어진 것이 외계인 손 증후군의 원인이라고 본다. 연결이 끊어진 해당 뇌 영역들이 각자 독립적으로 작동하고, 그 결과 한 신체 부위의 물리적 동작과 실제로 자신이 그 신체 부위를 통제하고 있다는 의식적 지각이 서로 연결되지 못하기 때문이라는 설명이다.

외계인 손 증후군에 대한 대부분의 치료법은 당사자가 그 상태에 대처하도록 돕는 행동 치료에 초점을 맞추며 이런 치료는 일상생활에 대한 통제력을 되찾아준다. 문제의 손에서 다른 데로 주의를 돌리는 방법을 익히거나, 자기 손을 통제하는 모습을 머릿속으로 그려보는 방법으로 도움을 받는 이들도 있다.

1908년에, 왼손이 자신의 목을 붙잡고 질식시키려 하는 57세 여인의 사례를 기술하며 쿠르트 골드슈타인Kurt Goldstein, 1878~1965이 처음으로 이 증후군을 언급했다.

더 찾아보기: 뇌들보, 전두엽, 두정엽

Alzheimer's Disease 알츠하이머병

기억 상실과 지남력 상실이 특징적으로 나타나는 진행성 퇴행성 뇌 질환. 곧잘 잊어버리는 것은 어디까지가 노화의 정상적인 징후이고, 어디부터가 알츠하이머병 같은 신경학적 장애의 증상인 것일까? 간혹 열쇠를 어디 뒀는지 잊어버리고, 사려고 했던 물건이 무엇인지 기억나지 않는 일은 누구에게나 일어난다. 이런 유형의 기억 상실은 일상생활에 영향을 미치지 않는다. 그러나 일을 처리하고 적절하게 의사소통하고 감정을 조절하고 결정을 내리는 능력을 훼손하는 기억 상실이라면 알츠하이머병의 징후일 수 있다. 알츠하이머병의 전형적 특징인 치매는 인지와 언어, 감정적 능력이 점진적이고 지속적으로 사라져가는 것을 가리키는 일반적인 용어다.

알츠하이머병은 보통 65세 이후에 발생한다. 알츠하이머병의 구체적인 원인은 아직 밝혀지지 않았지만, 유전 요인과 환경 요인이 관련되어 있을 가능성이 크다. 알츠하이머병은 서서히, 그러나 되돌릴 수 없게 뇌를 공격하여 뉴런 및 뉴런들 사이의 연결을 파괴한다. 이 뇌 손상은 플라그plaque라고 불리는 베타아밀로이드 단백질과 덩어리tangle라고 불리는 타우tau 단백질이 비정상적으로 축적된 결과 일어나는 것으로 보인다. 이 단백질들의 축적은 염증

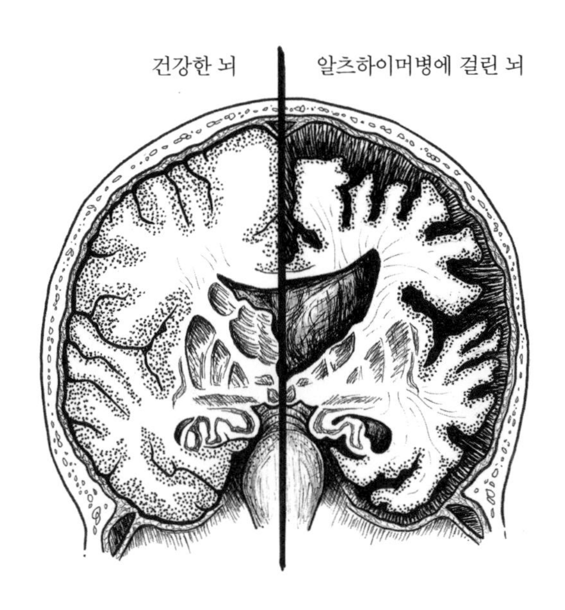

을 초래할 수 있고, 뉴런들 사이의 메시지 전달을 방해하며, 뉴런을 죽일 수도 있다. 사고와 학습, 언어, 기억에 관여하는 뇌 영역들인 대뇌피질과 해마가 특히 많이 손상된다.

알츠하이머병을 완치할 방법은 없지만, 증상을 치료하고 삶의 질을 개선할 수 있는 약물과 치유법은 존재한다. 예를 들어 아세틸콜린이나 글루타메이트 같은 신경전달물질계를 표적으로 하는 몇몇 약물은 기억 상실과 기타 치매 증상에 도움을 줄 수 있다. 행동 치료 같은 비약물적 치료는 일부 알츠하이머병 환자들이 일상 활동에 대한 통제력을 회복하는 데 도움이 될 수 있다.

알츠하이머병 진단을 받은 유명인으로는 가수 글렌 캠벨[1936~2017]과 페리 코모[1912~2001], 토니 베넷[1926~2023], 야구 코치 팻 서밋[1952~2016], 배우 찰스 브론슨[1921~2003], 제임스 두한[1920~2005], 찰턴 헤스턴[1923~2008], 리타 헤이워스[1918~87], 버지스 메레디스[1907~97], 에스텔 게티[1923~98], 피터 포크[1927~2011], 제임스 스튜어트[1908~97]와 에디 앨버트[1906~2005], 미국 전 대통령 로널드 레이건[1911~2004], 화가 노먼 록웰[1894~1978], 권투선수 슈거 레이 로빈슨[1921~89] 등이 있다.

더 찾아보기: 대뇌피질, 해마, 신경전달물질

Amphetamine 암페타민

합성 중추신경계 각성제. 암페타민은 벤제드린, 덱스트로암페타민, 메스암페타민[5]을 포함하는 각성 약물군이다. 최초의 암페타민은 천식과 수면장애(기면증), 과잉행동을 치료하기 위해 개발되었다. 이런 약물은 제2차 세계대전 및 이후의 군사적 충돌 시기에 병사들과 조종사들을 기민한 상태로 유지하고 전투 피로를 떨치기 위해 사용했다.*

암페타민은 주로 도파민과 노르에피네프린 신경전달물질계 내부의 활동을 증가시킴으로써 중추신경계와 말초신경계의 교감신경을 자극한다. 예를 들어 (1) 뉴런의 축삭돌기 말단에서 도파민과 노르에피네프린의 분비를 촉진하고 (2) 도파민과 노르에피네프린이 재흡수되는 것을 차단하며 (3) 시냅스 소포에 도파민이 저장되는 것을 억제하며 (4) 효소가 도파민을 파괴하는 것을 억제한다. 이 활동들은 신경전달물질이 수용체에 결합하는 장소인 시냅스에서 도파민과 노르에피네프린의 가용성을 높인다.

암페타민을 삼키거나 피우거나 주사하면 얼마 지나지 않아 대체로 심박수와 혈압이 상승하고 식욕이 줄며 동공이 확장되고 기민성이 증가한다. 장기간 사용하면 수면 교란과 환각, 떨림이 발생할 수 있다. 어떤 사람들은 암페타민의 효과에 중독될 수도 있

5) methamphetamine: 중추신경을 강력히 자극하는 각성제의 하나로 의존성이 매우 높아 다수 국가에서 마약류로 분류하고 있다. 과거 일본의 제약사가 각성제로 출시한 당시의 상품명인 필로폰(히로뽕)이라는 이름으로도 잘 알려져 있다—옮긴이.

고 내성이 생기기도 하는데, 이런 경우 효과를 보려면 사용량을 더 늘려야만 한다. 미국 마약단속국은 현재 암페타민을 스케줄 II 각성제로 분류하고 있다. 이는 식품의약국의 승인을 받은 암페타민 함유 약물들에는 용납할 만한 의학적 쓸모가 있기는 하지만, 동시에 남용 가능성도 매우 높다는 뜻이다.*

더 찾아보기: 자율신경계, 기면증, 신경전달물질, 시냅스

Amygdala 편도체

뇌의 측두엽에 위치한 아몬드 모양의 뇌 구조물. 변연계의 일부인 편도체는 감정적 행동, 기억, 불안, 두려움에서 중요한 역할을 담당한다. 편도체의 뉴런들은 감정이 담긴 표정, 불쾌한 냄새와 맛, 느낌들에 반응한다.** 이런 복잡한 기능이 제대로 작동하려면, 모든 감각기관에서 들어오는 정보와 시상하부, 시상, 대뇌피질, 뇌간을 통해 신체 내부 기관들에서 오는 정보를 편도체의 뉴런들이 처리해야 한다. 그런 다음 편도체가 보내는 신호는 피드백의 형태로 해마와 시상, 뇌간으로 간다.

연구자들은 편도체가 손상된 동물들이 두려워해야 할 새로운 자극을 두려운 것으로 학습하지 못하는 것을 보고서 편도체가 공포를 느끼는 데 중요한 역할을 한다는 것을 알게 되었다. 이는 생물이 어떤 사건의 감정적 의미를 학습하고 기억하는 것을 편도체가 돕는다는 것을 암시한다. 그렇다고 편도체가 처리하는 감정이

공포뿐인 것은 아니다. 편도체의 어떤 부분들은 동기부여와 보상, 공격성, 모성행동, 성행동에도 관여한다.

편도체가 지니는 중요성과 편도체와 감정적 행동의 관계는 클뤼버 부시Klüver-Bucy 증후군이라는 기이한 신경계 장애가 있는 사람들의 행동을 통해 더욱 부각되었다. 클뤼버 부시 증후군은 편도체와 해마를 포함하여 뇌 양쪽의 측두엽이 손상된 사람들에게 생긴다. 이들은 무엇이든 입에 집어넣고 보는 과잉구강증, 보이는 것은 모두 만지려고 하는 과도반응행동,[6] 과도한 성행위, 기억 상실, 공포와 분노의 결여 등의 증상을 보인다. 클뤼버 부시 증후군의 치료법은 없지만, 증상을 관리하는 방법은 배울 수 있다.

더 찾아보기: 해마, 측두엽

Amyotrophic Lateral Sclerosis 근위축성측삭경화증

동작을 통제하는 뇌와 척수의 뉴런들이 서서히 퇴화하는 치명적

6) 과도반응행동을 가리키는 'hypermetamorphosis'는 1859년에 하인리히 빌헬름 노이만이라는 정신의학자가 만든 용어로 그의 제자였던 칼 베르니케가 1906년에 쓴 교과서에서 클뤼버 부시 증후군에 이 개념을 적용했다. 베르니케는 이 단어를 '모든 시각적 자극을 인지하고 관심을 기울이며 반응하려 하는 과도한 경향'으로 이해했다. 그러나 hypermetamorphosis는 '과변태'라는 의미로 읽혀 이런 개념을 표현하는 용어로는 다소 부적절하고 시대에 뒤떨어진 것으로 보이며 현재는 거의 사용되지 않는다—옮긴이.

인 진행성 신경계 질환이다. 1939년에 스타 야구선수 루 게릭Henry Louis Gehrig, 1903~41은 자신의 경기 기량이 나빠지고 있음을 깨달았다. 평소처럼 힘차게 공을 칠 수 없었고 베이스를 도는 것도 힘들어졌다. 얼마 후 문제가 밝혀졌다. 게릭은 근위축성측삭경화증(ALS)에 걸린 것이었다. 오늘날까지도 ALS는 뉴욕 양키스의 일루수였던 그의 이름을 딴 루게릭병이라는 명칭으로 가장 잘 알려져 있다.

운동 뉴런이 죽으면 뇌와 척수가 동작을 통제하기 위해 근육으로 보내던 메시지가 더 이상 전달되지 않는다. 운동 뉴런의 죽음은 점진적인 마비를 초래하여 ALS에 걸린 사람은 몸을 움직일 수 없는 상태가 되고, 이윽고 말하기와 숨쉬기, 먹기에도 문제가 생긴다. ALS는 대체로 기억이나 성격, 감각에는 영향을 미치지 않으며 전염성은 없다. 대다수의 경우에는 원인이 밝혀지지 않았지만, 5~10퍼센트는 유전의 결과로 알려져 있다.

안타깝게도 이 병은 치료가 되지 않지만 몇몇 약물[7]과 치료법으로 삶의 질을 개선할 수는 있다. 루 게릭 외에도 물리학자 스티븐 호킹1942~2018과 배우 데이비드 니븐1919~83, 배우 겸 극작가 샘 셰퍼드1943~2017, 풋볼선수 드와이트 클라크1957~2018, 미국 전 상원의원 제이컵 재비츠1904~86가 ALS 진단을 받았다.

7) 릴루졸(riluzole), 에다라본(edaravone).

군소는 영어권에서는 '바다토끼'(Sea Hare)라고 불린다.
머리에 있는 두 더듬이가 귀처럼 보이기 때문이다.

Aplysia 군소

신경과학자들이 뉴런의 기능을 연구할 때 사용하는 해양 연체동물. 캘리포니아군소*Aplysia califonica*는 신경계에 대한 우리의 이해에 기여한 공으로 신경과학계에서 특별한 명예를 누릴 자격이 충분하다. 몸 전체에 약 1만 개의 뉴런을 지닌 군소는[8] 신경과학자들에게 특히 기억 및 학습과 관련한 행동의 신경 기반 연구를 돕는 모델 생물이 되어주었다.

1960년대에 연구를 시작한 신경과학자 에릭 캔델Eric Kandel은 군소를 가지고 수관 회피반사를 담당하는 뉴런 메커니즘을 연구했다.* 수관 회피반사란 군소의 수관[9]을 건드리면 움츠러드는 반

8) 인간 뇌의 뉴런은 860억 개다.
9) sophon: 몸에서 물을 빼내는 관.

응을 말한다. 회피반사를 담당하는 뉴런 회로는 비교적 단순하며, 이 경로에 포함된 뉴런들은 크기가 커서 다른 군소들에게서도 찾기 쉽다. 이렇게 움츠리는 행동은 학습을 통해 수정할 수도 있다. 캔델과 동료들은 이 시스템을 활용해 학습과 기억이 뉴런들 사이의 시냅스 연결을 어떻게 강화하는지 보여줄 훌륭한 방법을 찾아냈다. 캔델은 뉴런 신호 전도에 관한 연구로 2000년에 노벨 생리학·의학상을 수상했다.

더 찾아보기: 시냅스

Aristotle 아리스토텔레스

플라톤의 제자로 생물학, 물리학, 논리학, 정치학, 예술 등의 주제를 상세히 논한 고대 그리스의 철학자. 아리스토텔레스기원전 384~322의 가르침은 서양 철학과 과학적 탐구 방법의 토대를 놓았다.*

아리스토텔레스가 서구 문화와 과학에 중요한 기여를 한 걸출한 역사적 인물임은 분명하지만, 뇌의 기본 기능에 관한 그의 생각은 잘못됐다. 그는 뇌가 단순히 심장이 만든 열을 식히는 역할만 한다고 믿었다. 게다가 뇌가 아니라 심장이 지성, 의식, 감각을 담당한다고 주장했다. 심장이 신체의 가운데 위치한다는 점, 그리고 닭 배아에서 제일 먼저 발달하는 장기가 심장이라는 점을 보고 이렇게 심장 중심 편향을 갖게 된 듯하다.

이 위대한 철학자는 신경해부학에 관해서도 오류를 범했다. 예컨대 그는 뇌가 두개골 전체를 채우고 있지 않으며, 머리 뒤쪽은 비어 있다고 말했다. 아마도 아리스토텔레스는 인간의 몸을 해부하여 안을 들여다본 적이 없었을 것이고 그래서 그런 착각을 했을 것이다. 그의 신경해부학적 지식은 어류나 파충류 등 인간이 아닌 다른 동물들에 관한 연구를 기반으로 한 것으로 보인다.

이제 우리는 뇌를 단순히 피를 식히는 냉장고나 냉각장치로 여기지도 않고, 심장이 지성과 감성의 소재지라고 생각하지도 않는다. 그러나 우리가 무언가를 배우며 '심장에 새기'거나, '심장으로 느끼는 감사함'을 표하거나 '심장이 부서지는 아픔'을 느낀다고 말할 때마다 우리는 여전히 그 옛 사고방식에 경의를 표하고 있는 셈이다.

Attention Deficit Hyperactivity Disorder (ADHD) 주의력결핍 과잉행동장애

부주의, 과잉행동, 충동성이 특징인 흔한 신경발달장애. ADHD는 매년 수백만 명의 어린이에게 영향을 미치며, 그 증상은 성인기까지도 이어질 수 있다.

어떤 아이에게 ADHD가 있음을 알아볼 수 있는 신호로는 부주의함(쉽게 산만해지고, 곧잘 잊어버리며, 지시를 잘 따르지 못함)과 과잉행동(가만히 앉아 있지 못함), 충동성(충동을 통제하지 못하며, 생각하지 않고 행동함)이 있다. 그러나 이런 행동은 ADHD가 아닌 다른 이유로도 아이들에게 나타날 수 있으므로, 진단을 내리려면 임상의의 세밀한 검사가 필요하다.

ADHD의 정확한 원인은 알려지지 않았지만, 여러 연구에 따르면 유전 요인과 환경 요인이 함께 영향을 미칠 가능성이 있다. ADHD가 이란성 쌍둥이보다 일란성 쌍둥이 사이에서 공통적으로 나타나는 일이 더 흔하다는 연구 결과가 나오면서 유전적 관련성의 근거는 더욱 탄탄해졌다. 어린이에게 ADHD가 발생할 확률을 높이는 또 다른 요인으로는 낮은 출산 체중, 태아기의 독소 노출, 뇌 손상 등이 있다.

약물과 행동 치료가 ADHD의 증상을 치료하는 데 자주 사용되지만 완치해주는 것은 아니다. 놀랍게도 리탈린 등의 중추신경계 각성제가 흔히 과잉행동성과 충동성을 감소시킨다.* 이런 이로운 효과는, 주의력에 중요한 신경전달물질인 도파민의 뇌 내 농도를 높이는 각성제의 능력과 관련이 있을 것이다. 어린이와 성인을 대상으로 정리 정돈된 상태를 유지하고 행동을 관리하는 방법을 가르쳐주는 치료도 학교와 일터에서 제대로 기능하는 데 도움이 될 수 있다.

지능은 ADHD와 관계가 없으며, 텔레비전을 너무 많이 보거나 당분을 너무 많이 먹어서, 또는 음식에 대한 알레르기 때문에 ADHD가 생기는 것도 아니다.

더 찾아보기: 도파민

Autism Spectrum Disorder (ASD)

자폐스펙트럼장애

사람들이 다른 사람들과 사귀고 의사소통하는 방식에 영향을 주는 뇌 발달장애. 미국 질병통제예방센터의 추정에 따르면 해마다 54명 중 1명의 아이가 자폐스펙트럼장애를 갖고 태어난다고 한다.* 자폐스펙트럼장애는 증상의 심각도는 사람마다 다르지만, 공통적으로 의사소통 문제, 반복적 동작, 사회적 상호작용을 어려워하는 것 등의 특징이 있다.

자폐스펙트럼장애가 있는 사람은 말로 하는 의사소통이 어려울 수 있고, 말을 전혀 하지 않는 이들도 있다. 이런 사람에게는 다른 사람들이 하는 말이나 행동을 해석하는 것도 어려울 수 있다. 의료 전문가들은 이러한 행동들을 살펴보고 다른 장애의 가능성을 소거해나가면서 자폐스펙트럼장애를 진단한다.

정확한 원인은 밝혀지지 않았지만 원인이 될 만한 요인은 다수 존재한다. 우선 유전적 요인이 자폐스펙트럼장애의 한 요인임을 강력히 뒷받침하는 여러 증거가 있다. 일란성 쌍둥이는 이란성 쌍둥이나 쌍둥이가 아닌 형제자매보다 둘 다 자폐스펙트럼장애가 있을 가능성이 더 크다. 특정 유전적 변수가 그 사람을 환경적 요인, 즉 자폐스펙트럼장애를 초래할 수 있는 화학물질이나 감염 등에 더 민감하게 만들 수도 있다.

자폐스펙트럼장애의 치료는 증상을 줄이고 일상적 활동을 도울 수 있는 쪽으로 방향을 잡는다. 그 가운데 행동 치료는 다양한 기술을 향상시키고 원치 않는 행동을 줄이는 데 도움을 주며, 인지 치료는 당사자가 문제적 상황으로 이어질 수 있는 생각이나 감정을 식별하도록 도울 수 있다. 자폐스펙트럼장애 자체를 치료할 수 있는 약은 없지만, 항우울제, 항정신병약, 각성제, 항불안제, 항경련제 등이 일부 증상을 완화할 수는 있다.

1988년에 더스틴 호프먼Dustin Hoffman과 톰 크루즈Thomas Cruise가 출연한 영화 「레인 맨」은 자폐스펙트럼장애와 서번트 증후군이 있는 사람의 이야기를 들려주었다. 영화는 대중문화에서 자폐스펙트럼장애에 대한 인식을 높이기는 했지만, 서번트 증후군에 대한 묘사 때문에 비판받기도 했다. 이례적인 기억력, 신속한 계산 능력 같은 서번트 증후군의 특별한 능력은 자폐스펙트럼장애가 있는 사람 10명 중 1명에게만 나타난다.*

Autonomic Nervous System 자율신경계

말초신경계에서 소화, 호흡, 심장박동 같은 내부 장기의 기능 유지를 돕는 부분으로, 교감신경계와 부교감신경계, 장신경계로 이루어진다. 자율신경계는 불수의적이고 반사적인 방식으로 작용하기 때문에 겉으로 드러나지 않게 배경에서 움직이며, 긴급한 상황('싸움 또는 도피' 상황)이든 전혀 긴급하지 않은 상황('휴식과 소화' 상황)이든 가리지 않고 항상 작동한다.

이를테면 어떤 사람이 모퉁이를 돌았을 때 으르렁거리는 개와 정면으로 마주쳤다면, 이 사람은 달아나야 할까 아니면 싸울 준비를 해야 할까? 이럴 때는 심장이 더 빨리 쿵쿵 뛰고, 혈압이 오르고, 소화 속도는 느려진다. 이게 바로 교감신경계의 활동이 발현되는 모습이다. 몸은 자기를 방어하려 할 때나 스트레스에 반응하려 할 때 교감신경계를 동원한다. 방어가 필요한 상황에서는 심박수가 증가하고 폐는 팽창하여 더 많은 산소를 머금으며 동공은 확장되고 혈액은 근육으로 몰려간다.

공원에서 한가로이 거닐거나 벤치에 앉아 쉬거나 햇빛을 만끽하는 상황에서는 소화 작용이 활발해지고 혈압이 낮아지며 심박은 느려진다. 이것이 부교감신경계가 통제권을 쥐고 활동할 때 나타나는 현상이다. 장신경계는 내장에 있는 뉴런 네트워크로 역시 소화 조절을 돕는다.

전반적으로 교감신경계와 부교감신경계는 서로 반대되는 기능을 하지만, 둘 다 목표는 항상 신체를 조화로운 상태로 유지하는 것이다.

Avicenna 이븐 시나

페르시아의 의사. 이븐 시나980~1037는 신경계의 해부적 구조와 생리학 및 신경 정신적 장애의 진단과 치료에 대한 우리의 이해에 기여했다. 이븐 시나의 가장 주요한 저작인 『의학전범』*The Canon* *of Medicine*에는 뇌전증, 뇌졸중, 두통, 수막염, 두부외상 등의 질병에 대한 진단법과 치료법이 포함되어 있다.* 『의학전범』은 이븐 시나가 세상을 떠난 후로도 수백 년 동안 의학 안내서로 쓰였다.

당대 이븐 시나의 질병 치료에 대한 접근법은 몇 세기나 앞서 있었다고 볼 수 있다. 그는 여러 병에 대한 치료법으로 식생활에 변화를 줄 것을 권했고 운동의 가치를 강조했다. 또한 정신 질환 관리에서 잠이 중요하다고 강변했다. 그는 생활 방식을 바꾸어 병을 관리하라고 제안했을 뿐 아니라, 신경 질환에 약초나 기타 약물을 처방했다. 어쩌면 정신 질환 치료에 최초로 전기자극을 사용한 사람 역시 이븐 시나일지도 모른다. 우울증 환자의 이마에 살아 있는 전기가오리를 대면 우울증을 치료할 수 있다고 제안했기 때문이다.

Axon 축삭돌기

뉴런에서 세포체로부터 멀리 정보를 내보내는 부분. 축삭돌기는 축삭돌기 둔덕이라 불리는 부분으로 세포체와 연결되어 있으며, 시냅스가 있는 말단을 향해 활동전위를 보낸다. 어떤 축삭돌기는 (1밀리미터도 안 될 정도로) 아주 짧지만, 척수에서 발까지 뻗어 있는 축삭돌기처럼 1미터나 되는 긴 것도 있다. 축삭돌기의 지름도 0.1미크론부터 20미크론까지 크기가 다양하다.

지름이 큰 축삭돌기는 더 작은 축삭돌기에 비해 활동전위를 더 빠른 속도로 전도한다. 어떤 축삭돌기들은 활동전위의 전도 속도를 높이도록 절연체인 말이집myelin으로 감싸여 있다. 지름이 작고 말이집으로 싸이지도 않은 축삭돌기에서는 활동전위가 초속 0.5~2.0미터(시속 1.8~7.2킬로미터)의 속도로 이동하는데, 지름이 크고 말이집으로 싸인 축삭돌기에서는 초속 80~120미터(시속 288~432킬로미터) 속도로 이동한다.

더 찾아보기: 활동전위, 오징어 거대 축삭돌기, 말이집, 도약전도, 시냅스

Axon, Squid Giant 오징어 거대 축삭돌기

오징어의 신경세포체에서 길게 뻗어 나온 부분. 군소처럼 신경계에 대한 이해에 중요한 기여를 한 오징어는 우리의 감사를 받아 마땅한 존재다. 오징어가 물을 뿜어내는 제트 추진 시스템의 일부인 오징어 거대 축삭돌기는 신경과학자들이 뉴런의 전기 신호 전도 방식을 알아내는 데 큰 도움이 되었다.* 이 거대 축삭돌기는 지름이 0.3~1.0밀리미터로 아주 커서 현미경 없이 맨눈으로도 볼 수 있으며, 이런 큰 크기와 위치 때문에 다른 생물의 축삭돌기들에 비해 연구하기가 쉽다.

1930년대 잉글랜드의 생리학자 존 재커리 영John Zachary Young, 1907~97은 롤리고*Loligo* 오징어의 거대 축삭돌기 구조를 묘사했다. 후에 앨런 호지킨과 앤드루 헉슬리는 오징어의 거대 축삭돌기를 사용해 활동전위가 어떻게 전도되는지를 설명하여 1963년에 노

벨상을 받았다.

오징어 거대 축삭돌기의 큰 크기 덕분에 과학자들은 축삭돌기 안으로 전극을 완전히 밀어넣을 수 있었고, 그 결과 축삭돌기 안과 밖의 전압 차이를 측정할 수 있었다. 또한 그 축삭돌기의 세포질도 치약을 짜듯이 짜내고 거기에 서로 다른 농도의 이온(예컨대 소듐 이온, 포타슘 이온, 염화 이온)을 포함한 용액을 넣을 수 있었다. 과학자들은 이러한 실험 조작을 활용해 이온들이 뉴런의 세포막을 어떻게 들락거리며 교환되는지, 그럼으로써 활동전위가 어떻게 전도되는지 입증할 수 있었다.

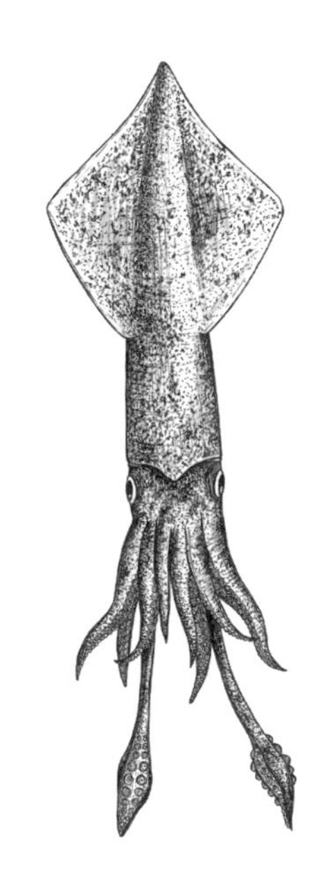

오징어는 뉴런의 전기 신호 전도 방식을 알아내는 데 큰 도움이 되었다.

각각 소듐 이온과 포타슘 이온의 교환을 차단하는 테트로도톡신과 테트라에틸암모늄 같은 독소와 약물을 이용한 이후의 실험들은 소듐 및 포타슘 이온의 중요성을 확인하고, 활동전위의 생성과 전달에 대한 이해의 토대를 놓았다. 그러니 다음에 오징어

튀김을 먹을 때는 신경과학에 공헌한 오징어들에게 감사의 묵념을 올리자.

더 찾아보기: 활동전위, 군소, 신경독소

B

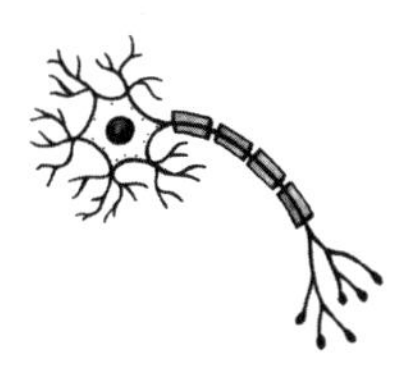

사실 성인의 뉴런은 신생아의 뉴런보다 수가 적다.
발달기에 뉴런은 과잉생산되며, 아이가 성장하는 동안
사용되지 않는 뉴런은 죽기 때문이다.

뇌는 예측으로 정보의 빈자리를 메꾸기 때문에
눈이 하나여도 맹점이 문제를 일으키는 일은 드물다.

Blind Spot 맹점

망막에서 광수용체가 없는 부분으로 시신경원판optic nervus head 이라고도 한다. 눈의 망막에는 빛에 노출되면 반응하는 세포들(광수용체)이 있다. 광수용체는 시각 정보를 처리하는 다른 세포들과 연결되어 있으며, 이 세포들의 축삭돌기인 시신경은 뇌로 이어진다. 하지만 망막에는 눈에서 나가는 시신경 혈관이 차지하는 공간 때문에 광수용체가 없는 작은 부분이 있다. 이 위치로 들어오는 빛은 어떤 광수용체도 때리지 못하므로 그 빛에 관해서는 뇌로 보낼 신호가 생기지 않는다.

눈이 둘이면 맹점은 문제가 되지 않는다. 빛이 양쪽 망막에서 서로 다른 부분을 때리므로 뇌에는 전체적인 그림이 전달되기 때문이다. 눈이 하나여도 뇌가 예측으로 정보의 빈자리를 메꾸기 때문에 맹점이 문제를 일으키는 일은 드물다.

뇌가 사라진 정보를 어떻게 벌충하는지는 대상을 맹점의 중심에 맞추어보는 것만으로도 쉽게 알 수 있다. 그림을 참고해 자신의 맹점이 어디에 있는지 찾아보자. 먼저 이 책을 얼굴에서 50센티미터 떨어뜨려 들고서 오른쪽 눈을 감고 왼쪽 눈으로 + 기호를 바라본다. 주변 시야에서 동그라미가 보일 것이다. 이제 +에 맞춘 초점을 유지하면서 책을 천천히 얼굴 가까이 가져온다. 그러면 어느 시점에 동그라미가 사라질 것이다. 그때 동그라미는 당신의 맹점에 초점이 맞은 것이다.

더 찾아보기: 망막

Blood-Brain Barrier (BBB) 혈뇌장벽

별세포astrocyte와 모세혈관으로 이루어진, 뇌혈관 내 반투과성 세포 장벽으로, 혈류에서 일부 물질이 뇌의 순환계로 흘러들어가는 것을 제한한다.

혈뇌장벽은 마치 국경경비대처럼 어떤 물질은 들어가게 허락해주고 또 어떤 물질은 들어가지 못하게 막는다. 뇌의 모세혈관을 이루는 내피세포들이 서로 단단히 밀착하여 큰 분자, 기름에 잘 녹지 않는 분자, 전하량이 큰 분자가 혈관 틈으로 빠져나가려는 흐름을 줄이는 것이다. 교세포(별세포)가 혈뇌장벽의 발달과 유지를 돕는 것으로 보인다. 혈뇌장벽은 분자들의 투과를 제한함으로써 뇌를 손상시킬 수도 있는 혈액 속 물질들로부터 뇌를 보호한다. 또한 신체의 다른 부분들에서 혈액 속으로 분비한 호르몬과 신경전달물질의 뇌 내 농도도 조절하여 뇌의 화학적 환경을 안정적으로 유지해준다.

혈뇌장벽은 고혈압, 혈액 내 물질의 높은 농도, 마이크로파, 방사능, 감염, 외상, 빈혈, 염증에 의해 약화되어 열릴 수 있다. 또한 출생 전에는 혈뇌장벽이 완전히 발달하지 않는다. 뇌실주위기관이라는 뇌의 몇몇 영역에 있는 혈뇌장벽은 물질들을 뇌 속으로 더 쉽게 통과시킨다. 뇌실주위기관으로는 솔방울샘, 후방뇌하수체, 맨아래구역, 뇌활밑기관, 종말판혈관기관, 정중융기가 있다.

더 찾아보기: 교세포

Brain Development 뇌의 발달

출생 전후 뇌의 발달과 변화. 뇌는 배아의 외배엽이라는 조직에서 유래한다. 외배엽은 수정 후 약 2주가 지나면 신경판을 형성한다. 다시 일주일쯤 지나면 신경판에 접힘이 생겨 신경주름이 만들어지고, 3주가 지나면 신경주름의 가장자리가 접혀 신경관이 형성된다. 신경관의 앞쪽은 뇌로 발달하고, 나머지 부분은 척수로 발달한다.

신생아의 뇌는 무게가 400그램도 안 되지만 앞으로 평생 지니게 될 뉴런의 거의 대부분을 갖고 있다. 사실 성인의 뉴런은 신생아의 뉴런보다 수가 적다. 발달기에 뉴런은 과잉생산되며, 아이가 성장하는 동안 사용되지 않는 뉴런은 죽기 때문이다. 해마 등 뇌의 몇몇 부분에 있는 뉴런들은 아동기 이후에도 발달할 수 있지만 대부분의 뉴런은 한번 죽으면 새 뉴런으로 대체되지 않는다.

뇌가 계속 성장하는 것은 출생 후에도 분열하여 수가 증가하는 교세포들이 추가되기 때문이다. 성인 뇌의 무게는 평균 약 1.4킬로그램이다.

태아기의 몇몇 단계에서는 1분마다 25만 개의 뉴런이 더 생긴다. 생후 2년이 된 아이 뇌의 크기는 성인 뇌의 약 80퍼센트다.

BRAIN Initiatives 브레인 이니셔티브

뇌의 생리와 해부적 성질을 더 잘 이해하고, 뇌 연구의 새로운 기법을 개발하며, 신경 질환의 새로운 치료법을 발견하기 위한 전 세계적 협력. 2013년 4월 2일, 당시 미국 대통령 버락 오바마Barack Obama는 백악관 연단에서 혁신적 신경기술 발달을 통한 뇌 연구 계획Brain Initiative의 발족을 선언했다. 브레인 이니셔티브의 연구자들은 미국 정부가 지원한 초기 연방 투자금 1억 1,000만 달러와 몇몇 사적 재단들의 추가적 재정 지원을 받아, 뇌 기능이 행동과 어떻게 연결되는지 이해하기 위해 뉴런들의 상호작용을 연구하는 새로운 방식을 개발할 계획이었다.

이 계획이 시작되고 몇 달이 지난 뒤, 유럽연합의 자금지원을 받은 인간 뇌 프로젝트Human Brain Project도 시작되었다. 브레인 이니셔티브처럼 인간 뇌 프로젝트도 뇌 기능 및 뇌와 인지의 관계를 더 잘 이해하기 위한 새로운 기술을 개발하기 위해 수립되었다. 곧이어 오스트레일리아, 캐나다, 중국, 일본, 한국 정부도 각자 뇌 연구를 지원하고 새로운 신경 질환 치료법을 찾기 위한 노력을 시작했다. 이러한 대규모 뇌 연구 프로그램들은 과학 연구에만 자원을 투입하는 것이 아니라, 그 연구의 결과로 인해 제기될 수 있는 윤리적·사회적 문제에도 관심을 기울인다.

다양한 뇌 연구 프로젝트들은 신경계를 자극하고 그 결과를 기록할 수 있는 신기술, 뉴런의 세포 유형에 대한 새로운 데이터베이스, 새로운 뇌 지도, 신경과학 연구를 구상하고 수행할 윤리적 기준 등 중요한 혁신을 이뤄냈다. 하지만 이런 노력으로 이뤄진 엄청난 진보에는 논쟁도 뒤따랐다.* 개인 연구자들에게 지급된 프로젝트 지원금을 대규모 연구에 할당된 지원금과 비교하는 조사가 있었고, 유럽연합의 인간 뇌 프로젝트는 비현실적 목표를 세운 점, 허술한 조직 운영과 지도력, 자금 낭비에 대한 비판을 받았다.

이러한 대규모 연구 프로젝트의 전반적인 영향을 측정하는 것은 쉬운 일이 아니다. 그러나 이 뇌 연구 계획들이 신경 질환으로 고생하는 수백만 명의 사람들에게 희망을 주는 것은 분명하다.

더 찾아보기: 신경윤리학

Brainstem 뇌간

척수와 뇌를 연결하는 뇌의 중심부로, 숨뇌medulla, 다리뇌pons, 중간뇌midbrain로 이루어진다. 이 영역들은 호흡, 심장박동, 수면 주기, 소화 같은 생명을 위한 기본적 과정을 조절하는 일을 돕는다. 그래서 외상이나 뇌졸중으로 뇌간이 손상되면 목숨이 위태로워지는 일이 많다. 뇌와 척수 사이에 정보가 오가는 경로도 뇌간에 포함되어 있다.

척수의 제일 윗부분은 점진적으로 숨뇌와 통합된다. 숨뇌의 제일 뒷부분은 뇌척수액을 담고 있는 뇌실 중 하나인 넷째뇌실의 아랫부분을 형성한다. 숨뇌 속의 영역들은 호흡과 심장박동, 혈압을 조절하고, 삼키기, 구토, 기침, 재채기에 대한 반사 작용을 통제하는 일을 맡고 있다. 다리뇌는 숨뇌 바로 앞에 자리 잡고 있는데, 다리뇌의 뉴런 중 일부는 수면을 통제하는 기능을 하며, 또 다른 뉴런들은 머리에서 오는 감각 정보를 처리하거나, 눈의 움직임·표정·씹기·삼키기를 위해 근육을 통제하는 신호를 보낸다. 중간뇌는 다리뇌 위에 있다. 중간뇌에는 위둔덕과 아래둔덕이라는 쌍으로 된 두 구조물이 있는데, 이들은 각각 시각 정보와 청각 정보를 처리하는 데 중요한 역할을 한다. 도파민을 생산하는 주요 원천인 흑색질과 세로토닌의 주요 원천인 솔기핵도 중간뇌에 있다.

다리뇌는 숨뇌와 중간뇌를 연결한다는 의미에서 라틴어로 '다리'를 뜻하는 'pons'라는 이름이 붙었다. 숨뇌에 라틴어로 '골수'를 뜻하는 'medulla'라는 이름이 붙은 것은 뇌와 뇌간에서 가장 안쪽에 자리하고 있기 때문이다. 중간뇌 안에는 라틴어에서 파생된 이름(예컨대 작은 언덕을 의미하는 둔덕colliculus 등)이 붙은 영역들도 있지만, 중간뇌midbrain는 단순히 뇌의 중간에 있는 부분이라는 뜻이다.

더 찾아보기: 도파민, 세로토닌

Broca, Paul 폴 브로카

브로카1824~80는 프랑스의 신경학자다. 1800년대 중반에는 뇌 전체가 하나의 단위로 기능하는지 아니면 영역마다 각자 다른 기능에 특화되어 있는지를 두고 논쟁이 한창이었다. 브로카는 운 좋게도 이 논쟁에 기여할 환자를 연구할 기회를 얻었다.

1861년에 루이 빅토르 르보르뉴Louis Victor Leborgne, 1809~61라는 남자가 브로카가 의사로 일하는 병원에 입원했다.* 르보르뉴는 젊은 시절 뇌전증을 앓아 서른 살 때 말하는 능력을 잃었는데, 말을 이해할 수는 있었지만 말할 수 있는 단어는 '탄' 하나뿐이었다. 여러 책에서 르보르뉴를 탄이라고 부르는 이유다.

쉰 살이 되었을 때 르보르뉴는 몸의 오른쪽이 마비되고 괴저가 생겨 브로카에게 치료를 받도록 보내졌다. 그리고 겨우 엿새 뒤 사망했다. 부검을 하며 르보르뉴의 뇌를 꺼내어 살펴보던 브로카는 좌반구 전두엽에서 손상된 부위를 발견했다. 1861년에 브로카는 파리에 있는 인류학회에서 르보르뉴의 뇌에서 손상된 영역이 말을 할 수 있게 하는 영역이라는 가설을 발표했다. 그는 말을 못 하는 다른 환자들을 계속 연구하여 이 환자들 역시 좌반구에 손상 부위가 있음을 확인했다.

브로카가 관찰한 내용은 뇌의 특정 영역이 특정 기능을 담당한다는 증거가 되었다. 르보르뉴와 다른 환자들에게 손상되어 있던 뇌 영역은 현재 브로카 영역이라 불리며, 소리를 내어 말을 입 밖으로 내는 행위가 어려워지는 것을 브로카 실어증이라고 한다. 지금 우리는 말을 하려면 먼저 정보가 대뇌피질의 특정 영역(글을 보고 말하려면 시각피질, 말을 듣고 말하려면 청각피질)에 도착해야 하고 이어서 베르니케 영역으로 전달되어야 한다는 걸 알고 있다. 이 정보는 다시 베르니케 영역에서 브로카 영역으로 이동하고, 그런 다음 운동피질로 전달된다.

더 찾아보기: 전두엽, 칼 베르니케

C

뇌들보형성증이 있는 사람 중 일부는 시력 손상, 언어 곤란,
동작 협응 문제 등을 겪지만, 같은 상태로 태어났음에도
증상이 아예 또는 거의 없는 사람들도 있다.

Caffeine 카페인

잔틴류[10)]에 들어 있는 중추신경 자극제로, 커피콩과 찻잎에 자연적으로 존재하며 일부 음료와 약물에 첨가되기도 한다. 카페인을 섭취하면 위와 소장에서 흡수된 뒤 혈액에 실려 뇌로 이동한다. 카페인은 뇌의 여러 영역에서 아데노신이라는 신경전달물질의 작용에 간섭한다. 신체의 다른 부분들에서는 심장박동을 증가시키고 혈관을 수축시키며 호흡을 개선할 수 있다.

커피의 유형과 추출 방법에 따라 다르지만, 보통 커피 한 잔에는 60~150밀리그램의 카페인이 들어 있다. 카페인에 불면증이나 두통, 초조함 같은 부작용이 있다는 건 커피를 주기적으로 즐기는 많은 사람이 잘 아는 사실이다. 평소에 마시던 카페인 함유 음료를 갑자기 끊을 때 불편한 금단 증상을 경험하는 사람들도 있다. 또한 카페인에 대한 내성이 생겨 같은 효과를 얻기 위해서는 카페인 음료의 섭취량을 늘려야만 하는 사람들도 있다. 카페인 내성에는 유전 요인도 부분적으로 관여하는 것으로 보인다.* 다량의 카페인(약 10그램의 카페인 또는 커피 80~100잔)은 목숨을 위태롭게 할 수도 있다.

커피가 어떻게 발견되었는지는 수수께끼지만, 한 이야기는 이 각성제의 힘을 찾아낸 것이 염소들이라고 주장한다. 이 이야기

10) xanthine: 생체에 존재하는 푸린 염기의 일종—옮긴이.

커피는 염소도 춤추게 한다.

에 따르면 서기 850년경 이집트에서 칼디라는 이름의 목동이 치던 염소들이 어느 날 밤 집에 돌아오지 않았다고 한다. 칼디가 마침내 자기 염소들을 찾아냈을 때 염소들은 빨간 커피 열매가 열린 덤불 주변에서 춤을 추고 있었다. 칼디는 성실한 목동답게 그 열매 몇 개를 직접 먹어보았고, 잠시 후 그도 춤을 추기 시작했다. 사람들이 이 열매를 음료로 추출하기 위한 실험을 얼마간 한 뒤 커피가 탄생했다.

더 찾아보기: 신경전달물질

Capgras Syndrome 카프그라 증후군

가족이나 친구가 그들인 척 사칭하는 자들이라고 믿는 신경 질환으로, 가면 증후군[11]*이라고도 한다. 배우자나 연인이 당신에게 당신 생각과 달리 당신은 당신이 아니며 '진짜' 당신을 대체한 가짜라고 주장한다고 상상해보라. 이런 게 바로 카프그라 증후군이 있는 사람과 함께 살거나 그를 보살펴야 하는 사람이 직면하는 삶이다.

카프그라 증후군은 드문 편이며, 치매나 알츠하이머병, 루이소체병, 파킨슨병, 뇌전증, 뇌졸중, 조현병이 있는 사람에게 일부 나타난다.** 얼굴 인식과 감정을 담당하는 뇌 영역들 사이에 연결이 끊어진 것이 이 문제의 원인이라는 것이 현재의 가설이다.

카프그라 증후군은 안면인식장애(얼굴맹)와는 다르다. 카프그라 증후군이 있는 사람은 얼굴은 알아보지만 그 얼굴이 사칭하는 자의 얼굴이거나, 흡사한 다른 사람의 얼굴이라는 망상에 사로잡힌다. 반려동물이나 무생물 대상이 이런 망상의 대상이 되는 경우도 있다. 논리적인 설명으로는 카프그라 증후군이 있는 사람들에게 그 생각이 잘못임을 깨우쳐줄 수 없다.

일부 환자들의 경우 항정신증약이나 항우울제, 치매 치료제가

11) imposter syndrome: 자신이 겉으로 보이는 것보다 모자라다고 여기고 언젠가 자기 실체가 드러날 거라고 불안해하는 심리적 현상인 가면 증후군과는 다르다—옮긴이.

증상을 줄일 수 있다. 행동 치료는 사칭하는 거짓말쟁이로 여겨지는 사람들과 함께 있으면서도 환자가 그들을 좀더 편안하게 대할 수 있도록 돕는다.

프랑스의 정신의학자 조셉 카프그라Joseph Capgras, 1875~1950와 장르불 라쇼Jean Reboul-Lachaux가 1923년에 처음 이 증후군에 관해 기술했다.

더 찾아보기: 알츠하이머병, 뇌전증, 루이소체병, 파킨슨병, 안면인식장애, 조현병, 뇌졸중

Cauda Equina 말총

척수 끝부분의 척수신경 다발. 'Cauda equina'라는 이름은 라틴어로 말의 꼬리를 뜻한다. 말총은 척수에서 뻗어 나와 하지·방광·직장·생식기관의 피부와 근육과 정보를 주고받는 신경이다.

때로는 척추의 뼈들을 분리하는 추간판이 제자리에서 미끄러지거나 빠져나올 수 있다. 추간판이 손상되거나 말총에 압력을 가하면 다리와 등에 통증이나 마비된 느낌이 들 수 있는데 이를 말총 증후군이라 한다. 방광과 장을 통제할 수 없거나 마비되는 증상이 생길 수도 있다. 말총이 받는 압력을 덜어주는 수술로 이러한 증상을 줄일 수 있다.

더 찾아보기: 척추

Cell Body 세포체

뉴런에서 세포의 유지와 생존에 필수적인 세포 소기관들을 포함하고 있는 부분. 세포체 안에는 세포핵이 있고, 세포핵에는 세포의 발달과 단백질 합성에 필요한 유전물질(염색체)이 들어 있다. 핵 안에 있는 인(仁, 핵소체)은 유전정보를 단백질로 번역하는 일을 돕는 리보솜을 만든다. 단백질 합성은 세포체 안에 있는 니슬소체라는 다른 리보솜들의 무리 안에서도 일어난다. 리보솜은 뉴런 내부에서 물질을 수송하는 관들의 체계인 소포체에도 존재한다.

뉴런 안에서 단백질이 합성되고 나면 골지체라는 막 구조물이 이 단백질들을 포장한다. 미세섬유와 신경소관은 뉴런에 구조적 토대를 제공하고, 뉴런 내부에서 물질들을 수송하는 관들의 체계를 형성한다. 그리고 미토콘드리아는 뉴런의 활동에 연료를 공급하는 에너지를 생산한다.

Cerebellum 소뇌

뇌간 위 후두엽 아래 있으며 운동 협응, 감각, 언어, 균형, 자세 취하기에 중요한 뇌 영역. 무게는 150그램 정도이며, 부피는 테니스공과 비슷하다. 소뇌의 크기는 전체 뇌 용적의 10퍼센트에 불과하지만, 뇌의 전체 뉴런 중 80퍼센트 정도가 소뇌에 있다.*

소뇌cerebellum라는 이름은 '작은 뇌'라는 뜻의 라틴어에서 왔으며, 소뇌와 대뇌의 모양에는 몇 가지 공통점이 있다. 예컨대 소뇌

우리가 가진 전체 뉴런의 80퍼센트를 차지하는 소뇌는
운동 협응과 균형 유지 역할을 한다.

와 대뇌 둘 다 왼쪽과 오른쪽 반구로 나뉘며, 둘 다 심하게 접혀있는 구조다.

소뇌는 소뇌피질과 심부 소뇌핵이라는 주요한 두 부분으로 나뉜다. 소뇌피질에는 과립세포, 푸르키네세포, 골지세포, 별세포, 바구니세포 등 여러 종류의 신경세포가 포함되어 있다. 소뇌피질의 세포들은 대뇌피질, 척수, 전정핵에서 오는 정보를 전달받는다. 소뇌핵은 일차적으로 소뇌에서 뇌간과 시상으로 정보를 내보내는 일에 관여하며, 이 정보는 이윽고 척수와 대뇌피질에 당도한다.

소뇌에 손상이 생기면 수의운동[12] 문제, 떨림, 균형과 자세 유지의 어려움이 생길 수 있다. 소뇌 전체 혹은 대부분이 없는 채로 평생을 사는 사람들도 소수 존재한다.* 소뇌가 없이 태어난 사람 대부분은 심각한 인지장애가 있지만, 매우 드물게 소뇌가 없는 성인이 경미한 증상만 보이는 사례도 있다. 소뇌가 없는데도 심각한 장애가 없는 이 사람들은 뇌가 손상에 적응하고 벌충하는 능력이 얼마나 놀라운지를 직접 보여준다.

더 찾아보기: 뇌간, 대뇌피질, 후두엽, 척수

Cerebral Cortex 대뇌피질

대뇌 두 반구의 가장 바깥층. 뇌의 표면은 위에서 내려다보면 뇌고랑sulci이라 불리는 접혀 들어간 부분과 뇌이랑gyri이라 불리는 튀어나온 부분들이 있는 거대한 호두처럼 보인다. 고랑들은 두개골 안에 채워 넣을 수 있는 대뇌피질의 양을 늘려준다. 사람마다 고유한 지문이 있듯이 대뇌피질의 고랑과 이랑이 만드는 패턴도 각자 고유하다. 좌우 반구의 대뇌피질은 전반적인 고랑과 이랑의

12) voluntary movement: 의지에 따른 근육의 움직임.

패턴이 같지만, 고랑과 이랑의 길이·넓이·모양은 좌우가 다를 수 있다. 대뇌피질 전체는 뇌의 거의 대부분을 둘러싼 얇은(1.5~4.5밀리미터 두께의) 모자 모양을 형성한다.

대뇌피질은 서너 층의 이종피질allocortex과 여섯 층의 신피질neo-cortex로 나뉜다. 이종피질은 신피질에 비해 더 오래된 유형의 조직으로, 측두엽의 중간 부분에 위치하며 감정적 행동, 후각, 기억에 관여한다. 대뇌피질의 대부분을 차지하는 것은 신피질이다. 신피질의 몇몇 영역은 감각 정보를 처리한다. 예컨대 후두엽의 시각피질은 시각에 관한 정보를 받고, 측두엽의 청각피질은 소리에 관한 정보를 처리하며, 두정엽의 체감각피질은 피부로부터 촉감·압력·기온에 관한 정보를 전해 받는다. 그리고 전두엽의 신피질에 있는 운동영역들은 동작을 책임진다. 연합영역이라 불리는 신피질의 다른 부분들은 여러 뇌 영역에서 오는 정보를 통합하며, 기억, 의사결정, 주의, 언어를 비롯한 복잡한 인지 기능을 돕는다.

피질cortex이라는 이름은 대뇌피질이 뇌의 대부분을 감싸고 있다는 점에 착안하여 나무껍질을 뜻하는 라틴어에서 따왔다.

더 찾아보기: 전두엽, 후두엽, 두정엽, 측두엽

Cerebrospinal Fluid (CSF) 뇌척수액

뇌의 뇌실계와 척수에 있는 맑은 액체. 뇌가 두개골 안에 딱 맞게 들어 있는 것처럼 여겨질지 모르지만, 사실 뇌와 척수는 뇌척수액이라는 무색의 맑은 액체 속에 떠 있다. 또한 뇌척수액은 뇌실이라는 뇌 속 빈 공간도 채우고 있다.

가쪽뇌실, 셋째뇌실, 넷째뇌실에서 맥락얼기choroid plexus라는 구조물이 매일 400~500밀리리터(1.5~2컵) 가량의 뇌척수액을 만들어낸다. 뇌척수액은 뇌실들을 흘러다니며 뇌 안을 순환하고, 위시상정맥굴에서 지주막융모를 통해 혈류 속으로 흡수된다.

뇌척수액의 역할은 뇌를 보호하고 뇌 내부의 물질 수송을 돕는 것이다. 뇌를 에워싸고 있어 머리에 충격이 가해졌을 때는 쿠션처럼 뇌에 완충 작용을 한다. 또한 뇌가 뇌척수액에 떠 있기 때문에 뇌의 아랫부분에 가해지는 압력도 줄어든다. 뇌척수액은 한 방향으로만 흐르기 때문에 뇌에서 독소와 화학물질들을 제거할 수도 있으며, 이 흐름은 호르몬을 뇌 전체에서 이동시키는 역할도 한다.

뇌척수액이 너무 많이 생산되거나, 뇌실계가 막히거나, 뇌척수액이 혈류 속으로 적절히 흡수되지 않는다면 뇌척수액이 뇌실 안에 축적될 수도 있다. 이럴 경우 뇌실의 크기가 커지는 뇌수종hydrocephalus이라는 병의 원인이 된다. 뇌실이 확장되면 두개골 내부의 압력이 높아져 두통과 시각 문제, 인지 곤란, 발작, 협응 곤란을 초래할 수 있다.

더 찾아보기: 수막, 뇌실

Circle of Willis

윌리스 동맥고리

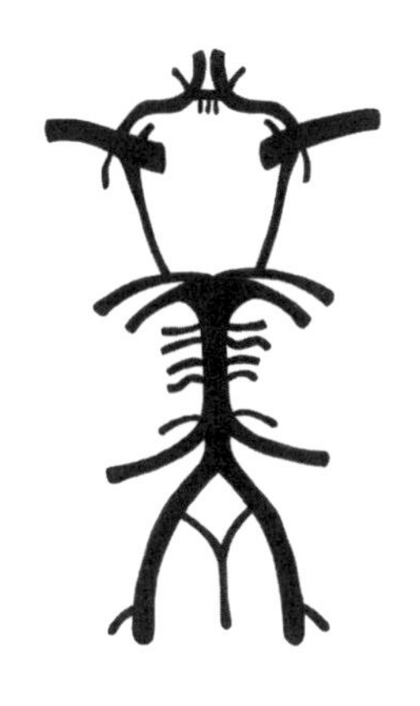

윌리스 동맥고리는
한 혈관이 막히더라도
혈액이 순환하게 한다.

뇌의 바닥 부분에서 보이는 혈관들의 고리. 윌리스 동맥고리는 뇌 혈류 순환의 '안전을 보장하는' 메커니즘이다. 이 동맥고리의 경로 가운데 한 혈관이 막혀도 혈액이 여전히 순환할 수 있도록 보장하는 메커니즘이기 때문이다.

이 경로는 뇌의 앞과 뒤로 혈액을 보내는 속목동맥(내경동맥)과 척추동맥이라는 주요 동맥 둘을 연결한다. 속목동맥은 대뇌피질의 대부분으로 피를 보내고, 척추동맥은 뇌간과 소뇌, 후두엽 그리고 시상의 일부로 피를 보낸다. 여기에 뇌바닥동맥과 앞대뇌동맥, 앞교통동맥, 중간대뇌동맥, 뒤대뇌동맥, 뒤교통동맥이 더해지면 윌리스 동맥고리가 완성된다.

토머스 윌리스Thomas Willis, 1621~75는 옥스퍼드대학 자연철학 교수 재직 당시인 1664년에 『뇌 해부학』*Cerebri Anatome*을 썼다. 자기 환자들의 뇌를 해부하고 관찰한 내용을 바탕으로 한 책이었다. 『뇌 해부학』에는 오늘날까지도 윌리스 동맥고리라 불리는 뇌 바닥의 동맥들이 형성한 고리와 뇌 신경에 대한 상세한 묘사, 그리고 크리스토퍼 렌[13] 경의 삽화가 실려 있다.

뇌 바닥에서 둥근 고리를 형성하는 혈관의 패턴을 처음으로 언급한 사람은 토머스 윌리스가 아니다. 가브리엘 팔로피우스Gabriel Fallopius, 1523~62와 줄리오 카세리오Giulio Casserio, 1552~1616도 그 패턴을 알아보고 언급했으나 완전하게 묘사하지는 못했다. 윌리스는 그 혈관들을 더 완전히 묘사했을 뿐 아니라, 한 동맥이 막히면 서로 연결된 혈관들의 고리가 막힌 부분을 대신하여 혈액이 계속 순환할 수 있게 해주는 원환 구조가 중요하다는 점을 강조했다.

더 찾아보기: 뇌신경

Cocaine 코카인

코카나무*Erythroxylon coca*에서 추출한 국부 마취제이자 중추신경계 자극제. 남아메리카의 원주민들은 수천 년 전부터 코카나무 잎을 씹으면 피로를 해소하는 데 도움이 된다는 것을 알고 있었다. 그러나 1860년이 되어서야 독일의 화학자 알베르트 니만Albert Niemann, 1834~61이 코카 잎에서 유효 성분인 코카인을 분리해냈다. 이후 얼마 지나지 않아 코카인은 약물과 기타 제품들에 쓰이기 시작했다.

1880년대 초에 안젤로 마리아니Angelo Mariani, 1838~1914는 약 28

13) Christopher Wren: 영국 르네상스 건축을 이끈 건축가—옮긴이.

그램당 6.5밀리그램의 코카인과 11퍼센트의 알코올이 든 '약용' 와인 '빈 마리아니'Vin Mariani를 생산했다. 오스트리아의 심리치료사 지그문트 프로이트Sigmund Freud, 1856~1939 역시 그 약의 쓸모를 발견해 알코올의존증과 모르핀 중독에 코카인을 처방했다. 안타깝게도 프로이트와 그의 환자 다수는 코카인에 중독되고 말았다. 코카인은 1886년에 존 펨버턴John Pemberton, 1831~88이 개발한 코카콜라를 비롯해 다양한 제품에 첨가되었다. 원래의 코카콜라 제조법은 코카인과 카페인을 첨가해야 한다. 1906년에 코카인은 코카콜라에서 빠졌지만 카페인은 계속 들어간다.

코카인의 사용 방식이 흡연인지 흡입인지 주사인지에 따라 이 약은 몇 초 내지 몇 분 안에 뇌에 도달한다. 뇌에 도착한 코카인은 도파민과 노르에피네프린, 세로토닌 같은 신경전달물질의 재흡수를 차단하고, 도파민의 분비를 촉발한다. 그 결과 이 신경전달물질들은 더 긴 시간 동안 수용체에 작용하게 된다. 말초신경계에서 코카인은 혈관을 수축시키고 동공을 확장하며 심장박동을 불규칙하게 만든다. 코카인을 사용한 사람은 쾌락과 행복을 느끼며 대단한 자신감을 갖고 행동하는 것처럼 보이기도 한다. 또한 코카인은 현기증, 두통, 불안, 수면 문제, 환각을 초래할 수도 있다.

코카인의 취기는 한 시간 정도 지속되며, 그후로는 우울한 기분이 찾아든다. 이 우울에서 벗어나기 위해 사람들은 더 많은 코카인을 찾고 그러다 결국에는 중독된다. 코카인에 중독된 사람은 코카인을 추가로 사용하지 않으면 우울감, 불안, 편집증 같은 금단 증상에 시달린다.

코카인을 사용하면 뇌졸중 위험이 증가하는데, 이는 코카인이 혈압을 높이고 뇌혈관을 수축시키기 때문이다. 코카인을 과다 사용한 사람들 중에는 호흡과 심장 문제에 시달리다가 죽음에 이른 이들도 있다. 코카인 사용 때문에 사망한 유명인으로는 렌 바이어스[1963~86], 코미디 배우 존 벨루시[1949~82]와 크리스 팔리[1964~97], 가수 아이크 터너[1931~2007]와 휘트니 휴스턴[1963~2012]이 있다.

더 찾아보기: 카페인, 신경전달물질

Cochlea 달팽이관

듣기에 중요한 역할을 하는 내이[inner ear]의 구조물. 소리는 공기의 압력 변화에 의해 전달된다. 귀의 굴곡과 접힌 부분들은 귀걸이와 피어싱만을 위한 공간이 아니라, 음파가 우리 귓속으로 잘 들어가도록 돕는다. 귀로 들어간 음파는 외이도[ear canal]의 끝에 도달하고 여기서 고막을 진동시킨다. 고막의 진동은 중이에 있는 세 개의 작은 뼈(소골)를 움직이기 시작하고, 이 소골 중 마지막 뼈(등자뼈)가 안뜰창이라는 또 다른 막을 움직인다. 안뜰창의 움직임은 달팽이관 안의 액체를 밀고 당긴다. 달팽이관은 그 진동을 뇌가 소리를 감지하는 데 사용하는 전기 신호로 바꾼다.

달팽이를 닮은 모양 때문에 그리스어와 라틴어에서 '달팽이'를 뜻하는 'cochlea'라는 이름이 붙었다. 달팽이관에는 액체가 차 있고 바닥막basilar membrane이라는 또 다른 조직층이 들어 있다. 바닥막에는 움직임에 반응하는, 유모세포hair cell라는 특수한 수용체 세포들이 있다. 달팽이관 속 액체의 움직임은 바닥막을 움직이게 하고 이는 다시 유모세포를 자극하며, 이에 유모세포는 청각 신경을 거쳐 뇌로 갈 전기 신호를 생성한다.

세계보건기구에 따르면 전 세계에서 생활에 불편을 줄 정도로 청력이 손상된 사람이 약 4억 3,000만 명에 달한다고 한다.* 사람이 나이가 들어감에 따라 어느 정도 청력이 손상되는 것은 흔한

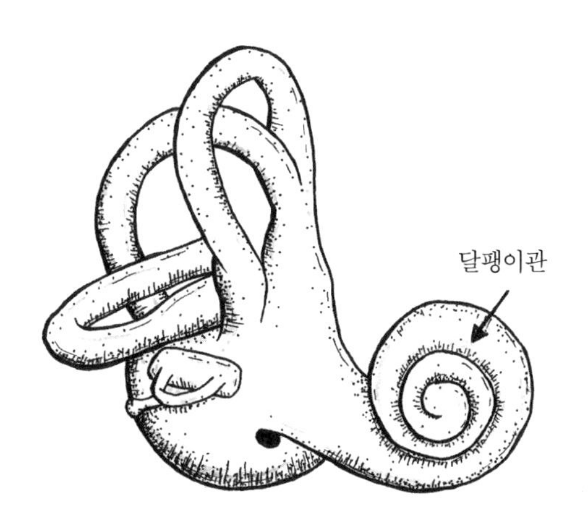

달팽이관에 들어찬 액체가 진동하면
유모세포가 자극돼 청각 신호를 만들어낸다.

일이다. 이러한 노화 관련 청력 손실은 많은 경우 내이 속 유모세포들이 손상되거나 죽을 때 일어난다. 유모세포는 다시 자라지 않기 때문에 이런 유형의 청력 손상은 되돌릴 수 없다. 콘서트나 스포츠 경기장 등 잠재적으로 청력에 해를 입힐 만큼 큰 소음이 나는 곳을 피하면 청력 손실의 위험을 줄일 수 있다. 이어폰과 헤드폰으로 듣는 음악의 음량도 낮추는 것이 좋다.

더 찾아보기: 소골

Computed Tomography (CT) 컴퓨터 단층촬영

일련의 엑스선 광선을 신체 조직에 통과시켜 뇌와 기타 신체 부위의 단면도를 만들어내는 의료 영상 촬영법. CT 영상은 컴퓨터가 수집한 그 단면도들을 삼차원 이미지로 조합해낸 것이다. CT 스캔은 뇌종양이나 두개골 골절을 진단하고 위치를 파악하는 데 도움이 되며, 외과의사들은 이를 통해 신경외과 수술을 하는 동안 안내를 받고 치료 과정을 모니터링할 수 있다.

CT 스캔에 사용되는 엑스선은 환자를 저선량의 이온화 방사선에 노출시킨다. 하지만 이때의 방사선 양은 그 과정에 필수적인 최소한의 수준으로 유지된다. 일부 CT 스캔에서는 정상 조직과 비정상 조직을 더 잘 구별하기 위해 환자에게 조영제라는 특수한 염료를 주사하기도 한다.

컴퓨터 단층촬영법을 개발하는 연구의 대부분은 앨런 매클라

우드 코맥Allan MacLeod Cormack, 1924~98과 고드프리 뉴볼드 하운스필드Godfrey Newbold Hounsfield, 1919~2004가 했다. 하운스필드의 연구는 비틀즈를 비롯해 EMI[14] 소속 뮤지션들이 형성한 자금에서 일부 지원받았다.* 코맥과 하운스필드는 CT 스캔의 발명으로 1979년에 노벨 생리학·의학상을 수상했다.

Concussion 뇌진탕

외상으로 뇌가 두개골 내부에 부딪힐 때 일어나는 뇌 손상. 머리에 가해진 충격이나 머리를 흔드는 동작은 간혹 뇌와 두개골의 충돌을 유발한다. 뇌를 둘러싸고 있는 뇌척수액 층이 어느 정도 완충해주기는 하지만, 머리가 갑작스럽게 움직이면 뇌가 두개골에 세게 부딪히며 뉴런과 뇌혈관이 손상될 수 있다. 뇌진탕이 일어나면 정신 상태에 변화가 생기거나 현기증, 흐리멍덩한 발음, 두통, 혼란, 빛이나 소리에 대한 민감성, 기분 변화, 수면장애, 기억 문제가 발생할 수 있다. 의식을 잃어야만 뇌진탕인 것은 아니다.

뇌진탕이 생겼는지 판단할 유일한 방법은 임상 검사를 받는 것이다. 이때 의사는 청각, 시각, 반사, 균형, 기억, 주의 같은 감각 능력과 인지 능력을 검사한다. 이 검사 결과는 의사가 뇌진탕의 심각도를 판단하는 데 도움이 된다. 더 심각한 뇌진탕에 대해서는

14) Electric Musical Industries Ltd.: 영국의 음반회사.

자기공명영상MRI이나 컴퓨터 단층촬영을 통해 뇌 손상이 없는지 알아본다.

안타깝게도 뇌진탕을 치료하거나 치유할 수 있는 의술이나 약물은 존재하지 않지만 그래도 뇌진탕이 일어나면 즉각 의료 조치를 받아야 한다. 스포츠 경기 중에 뇌진탕이 발생한 사람은 더 큰 부상을 피하기 위해 가능한 한 빨리 경기장에서 빼내야 한다. 이런 선수들은 의료 전문가가 확인하여 허락하기 전까지는 경기에 복귀해서는 안 된다. 뇌진탕 치료의 시작은 진탕이 일어난 영역에서 뉴런들이 회복하고 혈류가 온전히 다시 흐르도록 돕는 휴식이다.*

자전거나 오토바이, 스키, 스노보드, 스케이트보드, 롤러스케이트를 탈 때 뇌진탕 위험을 줄이려면 머리에 보호용 헬멧을 착용하는 게 좋다. 차를 탈 때는 운전자와 동승자 모두 안전벨트를 메야 하고, 어린아이들은 적합한 카시트에 태워야 한다. 노인들은 두부외상을 초래할 수 있는 낙상의 위험을 줄일 방법에 관해 의사와 상의하는 것이 좋다.

뇌진탕concussion이라는 명칭은 '거세게 흔들다'라는 뜻의 라틴어 'concutere'에서 왔다.

더 찾아보기: 뇌척수액, 컴퓨터 단층촬영, 두개골, 자기공명영상

Congenital Insensitivity to Pain 선천성 무통각증

통증을 인지하지 못하는 드문 유전 질환. 신체적 통증이 없는 삶은 축복처럼 보일지도 모른다. 하지만 선천성 무통각증이 있는 사람들 대부분은 이 병을 저주로 여긴다. 이들은 통증을 느낄 수 없으니 뼈가 부러지거나 피부에 화상을 입거나 혀를 깨물어도 인지하지 못한다. 내부에 생긴 손상 역시 감지되지 않고 지나간다. 이렇게 치료받지 못한 손상은 생명을 위협하는 더 심각한 감염으로 발전할 수 있어 기대수명을 떨어뜨린다.

선천성 무통각증 환자는 통증이 없는 일반적 촉각이나 압력은 정상적으로 감지하지만, 통각은 감지하지 못한다. 이 병의 근본 원인은 뉴런의 전압개폐소듐이온통로NaV1.7에 문제를 일으키는 유전자 변이다.* 이 통로들은 소듐 이온이 뉴런의 막을 통과하여 활동전위를 생성하도록 하는 일을 맡고 있다. 통증과 관련된 메시지를 보내는 데 쓰이는 뉴런의 NaV1.7 통로에 결함이 있으면 이 뉴런은 통증 신호를 보내지 못하고, 따라서 뇌는 통증에 관한 메시지를 받지 못한다. 통증을 더 잘 이해하고 NaV1.7 이온통로가 통증을 어떻게 조절하는지를 더 잘 알게 된다면 만성 통증에 시달리는 사람들을 위한 새로운 치료법을 찾을 수도 있을 것이다.

더 찾아보기: 활동전위

Coronavirus Disease 2019 (COVID-19)
코로나바이러스감염증-19

중증급성호흡기증후군 코로나바이러스-2SARS-CoV-2 감염으로 발생한 전 세계적 질병. 코로나19 감염은 경증 또는 중증 질환을 초래한다. 코로나19에 감염된 사람들이 바이러스 노출 후 2~14일 후에 가장 흔히 겪는 증상은 열, 오한, 기침, 호흡 곤란, 피로 등이다.

코로나19는 일차적으로 호흡계에 영향을 미치지만, 신경계를 비롯한 다른 신체 시스템에도 문제를 일으키는 것으로 보인다.* 예를 들어 코로나19 증상이 가볍거나 심하지 않았던 사람들 가운데에도 후각이나 미각을 잃은 이들이 많았다. 또한 코로나19 감염은 두통, 시각 및 청각 문제, 근육통, 의식 손상을 초래하기도 했다. 감염으로 인한 호흡기 증상이 나은 뒤에도 일부 환자들은 주의, 집중력, 기억 같은 인지 문제('브레인 포그'brain fog)를 호소하고, 이는 몇 주에서 심지어 몇 달까지 계속되는 경우도 있다.

코로나바이러스가 뇌로 들어가는 경로는 아직 확실히 밝혀지지 않았지만, 코로나19 바이러스가 혈뇌장벽을 통과하여 뇌에 접근할 수도 있다는 몇몇 증거가 있다. 이 바이러스가 뇌에 들어가면 염증과 혈관 손상을 초래할 수 있고, 이로 인해 뇌졸중이나 다른 신경학적 증상을 일으킬 수 있다. 코로나19가 신경계를 공격하는 방식을 더 잘 이해하면 코로나바이러스 감염병 환자들을 위한 치료법 개발에 도움이 될 것이다.

더 찾아보기: 혈뇌장벽, 뇌졸중

Corpus Callosum 뇌들보

뇌의 좌반구와 우반구를 연결하는 커다란 축삭돌기 다발. 뇌들보는 양쪽 뇌를 연결하는 유일한 구조물은 아니지만 가장 큰 구조물이다. 수백만 개의 차선으로 뇌의 양쪽을 연결하는 신경의 슈퍼 고속도로라고 생각하면 된다. 실제로 뇌들보에는 왼쪽과 오른쪽을 오가며 대뇌피질 안에서 감각 처리와 고도의 인지 기능 조절을 돕는 축삭돌기가 약 2억 개나 있다.

양쪽 대뇌반구 사이에 정보를 전달하는 뇌들보의 중요성은 1981년 노벨상 수상자 로저 스페리Roger Sperry, 1913~94의 연구에서 부각되었다. 그는 뇌들보를 절단하는 수술을 받은 사람들을 연구하여, 우반구와 좌반구에 각자 지배적인 특정 뇌 기능들이 있음을 증명했다. 뇌들보가 없이 태어난 사람들에 대한 연구는 뇌 기능과 뇌 발달에 대한 추가적 통찰을 제공했다.* 뇌들보 없이 태어나는 일(뇌들보무형성증)은 4,000명 중 1명 꼴로 발생하며 이는 심각한 결손이다.

뇌들보무형성증이 있는 사람 중 일부는 시력 손상, 언어 곤란, 동작 협응 문제 등을 겪지만, 같은 상태로 태어났음에도 증상이 아예 또는 거의 없는 사람들도 있다. 이들은 자기 두 뇌반구가 서

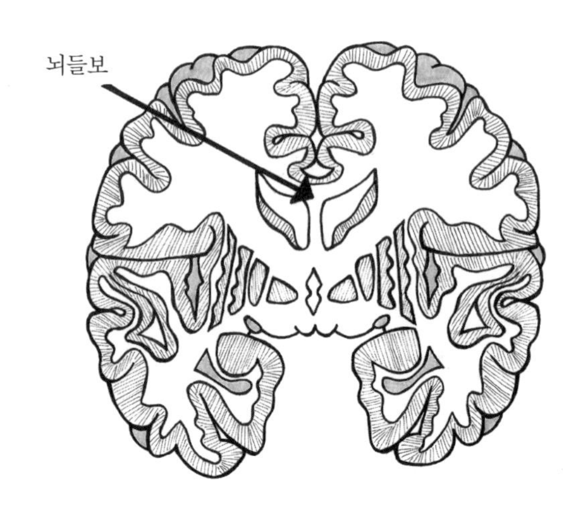

양쪽 대뇌반구를 연결하는 뇌의 고속도로.

로 연결되지 않았다는 사실을 전혀 모르고 살아갈 수도 있고, 뇌 스캔을 한 뒤에야 뇌들보가 없음을 알게 되기도 한다. 이런 사실은 뇌에 양쪽 반구 사이에서 정보를 전달하는 중요한 다른 경로들이 있음을 암시한다.

포유류는 대부분 뇌들보가 있지만, 유대류[15]와 단공류[16]는 뇌들보 없이 태어난다.* 대신 유대류와 단공류에게는 좌우 뇌반구를

15) 캥거루와 같이 육아낭이 있는 포유류.
16) 오리너구리와 같이 알을 낳는 포유류

연결하는 다른 경로들이 있다.

더 찾아보기: 축삭돌기, 로저 월코트 스페리

Cotard's Syndrome 코타르 증후군

자신이 이미 죽었다거나 혈액이나 내부 장기가 없어졌다고 믿는 드문 정신 질환. 극단적인 경우에는 자기가 영혼을 잃었다거나 심지어 자신이 존재하지 않는다고 주장하기도 한다. 그들이 죽지 않았으며 없어진 장기도 없다는 증거를 제시해도 코타르 증후군이 있는 사람들은 그 망상을 놓지 않는다.

정신의학자들은 코타르 증후군이 별개의 장애인지, 우울증이나 불안증 같은 다른 병에 부차적으로 따르는 증상인지를 두고 여전히 논쟁 중이다.* 코타르 증후군의 증상들은 조현병, 치매, 편두통, 파킨슨병, 다발성경화증이 있는 사람들에게서 보고되었다. 측두엽과 두정엽 주변의 대뇌피질 또는 소뇌에 손상이 생겨도 코타르 증후군과 같은 잘못된 믿음을 갖게 되기도 한다.

코타르 증후군은 1880년에 프랑스의 정신의학자이자 신경학자인 쥘 코타르Jules Cotard, 1840~89가 자기 몸이 부패하고 있으며 자기에게는 뇌와 신경, 내부 장기가 없다고 믿는 43세 여성 환자의 증상을 설명하면서 처음 알려졌다. 코타르 증후군에 대한 언급은 영화에도 등장했다. 2008년 영화 「시네도키, 뉴욕」Synecdoche, New York은 필립 시모어 호프먼Philip Seymour Hoffman, 1967~2014이 연기한,

이름도 찰떡같은 케이든 코타드Caden Cotard라는 주인공을 내세워 죽음과 관련된 몇 가지 주제를 다룬다. 텔레비전 시리즈 「워킹 데드」Walking Dead에 나오는 좀비들도 코타르 증후군을 기반으로 만들어졌을지도 모른다. 좀비들도 작가들도 무슨 생각을 하는지는 알 수 없지만 말이다.

Cranial Nerves 뇌신경

뇌와 직통으로 연결되는 12쌍의 신경. 뇌신경은 뇌로 감각 정보를 보내고, 근육을 통제하며, 심장·폐·위 같은 내부 장기들의 조절도 돕는다. 이 신경 중 일부는 감각기능만 담당하고(감각신경), 일부는 근육만 통제하며(운동신경), 일부는 두 기능을 다 한다(혼합신경).

관례상 각 뇌신경은 로마숫자로 표시한다.

I 후각신경: 냄새(감각신경)

II 시각신경: 시각(감각신경)

III 눈돌림신경: 눈의 움직임과 동공 수축(운동신경)

IV 도르래신경: 눈의 움직임(운동신경)

V 삼차신경: 얼굴과 머리에서 오는 촉각과 통증 정보, 씹기에 사용되는 근육 통제(혼합신경)

VI 갓돌림신경: 눈의 움직임(운동신경)

VII 얼굴신경: 혀의 앞 3분의 2에서 오는 미각, 귀에서 오는 촉각 과 통각 정보, 표정에 사용되는 얼굴 근육 통제(혼합신경)

VIII 속귀신경: 듣기와 균형(감각신경)

IX 혀인두신경: 혀의 뒤 3분의 1에서 오는 미각, 혀와 편도선, 인두에서 오는 촉각과 통각 정보, 삼키기에 사용되는 근육 통제(혼합신경)

X 미주신경: 내부 장기에서 오는 감각 정보와 내부 장기의 움직임 통제(혼합신경)

XI 더부신경: 머리를 움직이는 데 사용되는 근육 통제(운동신경)

XII 혀밑신경: 혀 근육 통제(운동신경)

Cranium 뇌두개골

두개골에서 뇌를 감싸는 부분. 누구는 해골이라 하고 누구는 머리통이라 하지만, 어떤 이름으로 부르든 그 안에는 뇌가 들어 있다. 전체 두개골에는 머리와 얼굴의 뼈 22개와 양쪽 귀에 각각 작은 뼈가 3개(등자뼈, 모루뼈, 망치뼈)씩 있다. 1.4킬로그램인 인간 성인의 뇌는 모두 합해 뇌두개골이라 불리는 두개골 뼈 8개 안에서 편안하게 보호받고 있다. 이 8개의 뼈는 전두골(이마뼈) 1개, 두정골(마루뼈) 2개, 측두골(관자뼈) 2개, 후두골(뒤통수뼈) 1개, 접형골(나비뼈) 1개, 사골(벌집뼈) 1개다.

두개골에는 혈관과 신경이 드나드는 크고 작은 구멍foramen이

수세기 전부터 두개골은
죽음과 필멸성을 상징해왔다.

몇 개 있으며, 모든 뇌신경은 뇌두개골을 통과해야만 뇌에 도달할 수 있다. 예를 들어 후각신경다발은 벌집뼈에 난 구멍을 통과하며, 양쪽 눈의 시각신경은 나비뼈에 있는 구멍을 통과해 뻗는다. 후두골 뒤쪽에 있는 큰구멍foramen magnum으로는 숨뇌가 끝나면서 두개골에서 빠져나와 척수와 이어진다.

뇌두개골을 이루는 뼈들은 봉합[17]에서 만난다. 아기들의 봉합에는 숫구멍이라는 작고 몰랑한 틈새들이 있는데 이는 뇌가 발달

17) 머리뼈 사이의 섬유관절—옮긴이.

하며 더 커질 여지를 남겨둔 것이다. 마치 뇌가 그 구멍으로 들락날락하는 것처럼 아기의 숫구멍이 벌떡거리는 걸 보면 부모가 깜짝 놀랄 수도 있다. 숫구멍이 벌떡거리는 것은 정상적인 일이며, 생후 1년 반쯤 지나면 숫구멍이 닫히고 단단해진다.

수세기에 걸쳐 두개골은 죽음과 필멸성을 상징했다. 예컨대 18세기에는 검은 수염이라는 해적이 해골 아래에 뼈 두 개를 엇갈아 놓은 그림이 그려진 '졸리 로저'Jolly Roger라는 해적기를 달고 다녔다. 오늘날에는 졸리 로저를 약간 변형한 그림을 독극물이나 위험한 물질에 대한 경고 표시로 사용한다.

더 찾아보기: 뇌신경

D

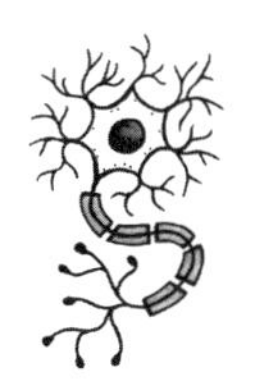

도파민 및 다른 신경전달물질의
농도 변화는 조현병 같은
정신 질환을 초래할 수도 있다.

Dendrite 가지돌기

뉴런에서 뻗어 나간 돌기로, 다른 뉴런으로부터 정보를 받는 일을 한다. 나뭇가지처럼 생긴 모양 때문에 '나무'를 뜻하는 그리스어 'dendron'에서 따온 이름이 붙었다. 복잡하게 뻗어 있는 가지돌기들은 특히 다극성 뉴런[18)]에서 잘 보인다.

가지돌기의 표면에는 신경전달물질들과 상호작용하는 수용체들이 박혀 있다. 어떤 신경전달물질이 한 수용체와 결합하면 그 뉴런의 통로들이 열려 이온이 흐를 수 있게 된다. 이러한 이온의 흐름은 작은 전기 신호가 뉴런의 세포체로 이동하게 한다. 축삭돌기를 따라 이동하는 활동전위와 달리 가지돌기의 전기 신호는 세포체에 다가갈수록 크기가 줄어든다. 이 신호들의 성격은 흥분성이거나 억제성이다. 이 말은 곧 이 신호들이 그 뉴런의 활동전위를 일으킬 가능성을 더 높이거나 줄일 수 있다는 뜻이다.

하나의 뉴런은 가지돌기들을 통해 수천 개의 다른 뉴런으로부터 오는 입력input을 받을 수도 있다. 뉴런은 이 모든 신호를 통합해야만 하며, 이 신호들의 활동 전체가 일정한 문턱값을 넘어야만 활동전위가 생성된다.

더 찾아보기: 활동전위, 축삭돌기, 뉴런, 신경전달물질

18) 세포체에서 뻗어나온 신경돌기(축삭돌기와 가지돌기)의 수가 셋 이상인 뉴런—옮긴이.

Dopamine 도파민

말초신경계와 중추신경계에 존재하는 신경전달물질. 뇌에서 도파민이 분비되는 것은 쾌락과 보상의 감정과 연관되기 때문에 도파민은 '기분 좋은' 신경전달물질이라는 평판을 얻었다. 하지만 도파민의 작용을 이런 기능으로만 한정하는 것은 올바른 평가가 아니다. 이 신경전달물질은 동작, 기억, 학습, 흥분에서도 결정적인 역할을 하기 때문이다.*

도파민은 티로신이라는 아미노산에서 유래한다. 티로신은 티로신 수산화효소가 있으면 엘도파(L-DOPA)로 변환되고, 방향족 L-아미노산 탈카복실화 효소(DOPA 탈카복실화 효소)는 엘도파를 도파민으로 변환한다. 도파민이 주로 합성되는 뇌 부위는 흑색질과 복측피개영역 그리고 시상하부다. 이 영역들은 뇌의 다른 부분들(예컨대 대뇌피질, 선조체, 해마, 편도체, 뇌하수체)에서 도파민 수용체가 많이 몰려 있는 곳으로 축삭돌기를 뻗는다.

도파민 신경전달물질계에 변화가 생기는 것은 신경계 질환과 연관된다. 예를 들어 흑색질에서 도파민을 생산하는 뉴런들이 파괴되면 파킨슨병이 생길 수 있다. 도파민은 혈뇌장벽을 쉽게 통과하지 못하기 때문에, 파킨슨병 환자들은 혈뇌장벽을 잘 통과해 도파민으로 변환되는 엘도파를 복용해 증상을 완화할 수 있다. 도파민 및 다른 신경전달물질의 농도 변화는 조현병 같은 정신 질환을 초래할 수도 있다.**

엘도파가 파킨슨병에 쓸 수 있는 기적의 치료제라는 생각은 1973년에 출간된 신경학자 올리버 색스Oliver Sacks, 1933~2015의 책 『깨어남』*Awakenings*을 통해 대중화되었다. 이 책은 한 유형의 파킨슨병에 걸린 환자들이 오랫동안 움직이지 못하다가 엘도파를 투여받은 뒤로 다시 움직일 수 있게 된 상황을 묘사한다.* 『깨어남』은 1990년에 로빈 윌리엄스Robin Williams, 1951~2014와 로버트 드 니로Robert De Niro, 1943~가 주연한 영화로 만들어졌다.

더 찾아보기: 파킨슨병, 조현병

E

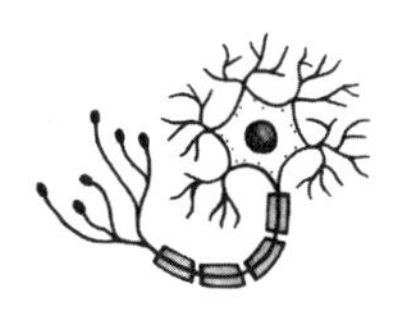

미라를 만들어 시신을 사후세계로 보낼
채비를 할 때 뇌를 꺼내 폐기해버렸던 걸 보면
뇌를 그리 존중하지는 않았던 것 같다.

Ecstasy (MDMA) 엑스터시

기분과 지각을 변화시키는 향정신성 합성 마약. 엑스터시MDMA, 3,4-메틸렌디옥시메스암페타민는 원래 1914년에 독일의 제약사 머크Merck에서 식욕억제제로 개발한 것이다. 1970년대에 심리치료사들은 환자들이 억누른 마음을 풀어 터놓고 문제를 이야기할 수 있게 하려는 치료의 일환으로 엑스터시를 사용했다. 엑스터시를 외상 후 스트레스 장애, 우울증, 불안장애의 치료에도 쓸 수 있다고 말하는 연구들도 있다.

오늘날 미국에서 MDMA는 불법이지만 사람들 사이에서 오락용으로 사용되고 있다. 미국 마약단속국은 MDMA를 스케줄 I 마약으로 분류하고 있는데, 이는 남용 가능성이 매우 높고 현재 인정되는 어떤 의학적 용도도 없음을 의미한다.

MDMA는 뇌에서 세로토닌과 노르에피네프린, 도파민 분비를 증가시키거나 이 신경전달물질들의 재흡수를 차단하는 작용을 한다. 두 경우 모두 시냅스에서 사용될 수 있는 이 물질들의 양을 증가시키는 결과를 낳는다. 이 신경화학물질들의 활동이 증가하면 에너지가 증가하고 심박이 빨라지며 혈압이 높아지고 기분이 고양되며 억제력이 감소한다. MDMA를 복용하거나 흡입한 이들 다수가 구역질, 두통, 이 악물기, 땀 증가, 오한 등도 경험한다.

MDMA 중독의 성격이 어떤 것인지는 분명하지 않다. MDMA는 코카인 같은 다른 중독성 마약들처럼 신경전달물질계에 영향을 미친다. 동물들도 기회만 주어지면 MDMA를 복용하려 한다는(즉 자가처방한다는) 걸 보여준 실험들도 있었다. 하지만 전체 인구를 대상으로 MDMA 중독과 의존에 대해 조사한 연구는 거의 없다.

MDMA는 몰리, 애덤, XTC, E라고도 불린다.

더 찾아보기: 도파민, 신경전달물질, 세로토닌, 시냅스

Edwin Smith Surgical Papyrus

에드윈 스미스 외과 파피루스

고대 이집트의 것으로 뇌라는 단어가 기록된 가장 오래된 텍스트. 1862년에 이것을 사들인 미국인 이집트학자 에드윈 스미스Edwin Smith의 이름이 붙은 이 파피루스는 뇌와 수막, 뇌척수액의 해부학적 구조에 대한 최초의 문자 기록이다. 기원전 1700년경에 쓰인 이 텍스트는 기원전 3000년까지 거슬러 올라가는, 고대 이집트의 의사 임호텝[19]이 쓴 것일지도 모른다고 추정되는 과거의 텍스트를 기반으로 한다. 1930년에 제임스 헨리James Henry가 이 파피루스를 영어로 번역했다.*

19) Imhotep: 기원전 2650년에서 2600년 사이에 고대 이집트에서 살았던 학자이며 태양신을 섬기는 대제사장이었고, 역사에 등장하는 최초의 공학자이자 내과의사, 건축학자다. 이집트에서는 건축과 공학의 신으로 추앙받았다—옮긴이.

뇌라는 단어가 기록된 가장 오래된 텍스트는
에드윈 스미스 파피루스다.

길이 4.68미터에 너비는 32.5~33센티미터이며, 48가지 의학적 사례에 대한 묘사를 담고 있다. 여기 묘사된 환자들은 낙상으로 부상을 당했거나 전쟁터에서 부상을 입은 것으로 보인다. 그중 두부외상 환자가 27명이며 뇌라는 단어가 7번 언급되지만, '신경'이라는 단어는 한 번도 사용되지 않았다. 사례마다 부상의 유형과 위치를 기록하고, 환자를 어떻게 검사하고 진단하고 치료해야 하는지 기록했다. 이 파피루스는 두개골의 측두골에 생긴 골절상이 환자에게서 말하는 능력을 앗아갔다고 보고하고 있다. 따라서 이 파피루스는 실어증에 대한 최초의 문자 기록도 제공하는 셈이다.

고대 이집트인들은 뇌에 관한 문자 기록을 남긴 최초의 사람들일 수는 있으나, 미라를 만들어 시신을 사후세계로 보낼 채비를 할 때 뇌를 꺼내 폐기해버렸던 걸 보면 뇌를 그리 존중하지는 않았던 것 같다.

더 찾아보기: 폴 브로카, 뇌척수액, 수막, 칼 베르니케

Einstein's Brain 아인슈타인의 뇌

수학자이자 물리학자인 알베르트 아인슈타인Albert Einstein, 1879~1955은 복부대동맥류가 생겨 1955년 4월 18일에 76세의 나이로 사망했다. 프린스턴 병원의 병리학자 토머스 S. 하비Thomas S. Harvey, 1912~2007는 아인슈타인을 부검할 때 뇌를 꺼내 여러 해 동안 유리 단지 안에 보관해두었다.

하비는 서서히 그 유명한 뇌에 대한 독점을 풀고 여러 연구실에 분석을 위한 작은 표본들을 제공했다. 1985년에 『실험 신경학』

유리 단지 안에 보관해둔 아인슈타인의 뇌.

Experimental Neurology 저널은 메리언 C. 다이아몬드Marian C. Diamond와 동료들이 제출한 논문을 실었는데,* 이 연구자들은 아인슈타인의 뇌 가운데 한 영역(대뇌피질 39구역)에서 뉴런 하나당 교세포가 대조군에 비해 더 많다는 점을 발견했다. 또 다른 과학자들은 교세포들의 구조적 차이, 뇌들보가 더 두꺼운 점, 일부 뇌고랑의 부재 대뇌피질(9구역)의 더 얇은 두께, 뉴런의 밀도가 더 높은 점 등의 특징들이 아인슈타인의 뛰어난 인지 능력을 신경해부학적으로 설명해주는지도 모른다고 말했다.**

이 연구들에서 아인슈타인의 뇌와 비교된 뇌들이 부적절한 비교 대상일 수 있으므로 그 발견들이 지닌 의미도 비판의 대상이 되었다. 예를 들어 한 연구에서는 평균적으로 아인슈타인보다 12년 젊은 뇌들을 아인슈타인의 뇌와 비교했다. 게다가 모든 연구에서 실험 대상은 오직 하나, 아인슈타인뿐이었다. 과학자들은 아인슈타인의 뇌에서 관찰된 신경해부학적 특징들이 다른 수학 천재들에게도 나타나는지 알지 못한다.

아인슈타인의 위대한 지성은 뇌가 큰 결과도 아니었다. 1.4킬로그램인 평균 성인 뇌에 비해 아인슈타인의 뇌는 1.23킬로그램밖에 나가지 않았기 때문이다.

더 찾아보기: 대뇌피질, 뇌들보, 교세포

Electroencephalography (EEG) 뇌전도

두피에 장착한 전극으로 뇌의 전기 활동을 기록하는 방법. 대부분의 사람들이 뇌전도를 생각할 때 떠올리는 장면은 한 사람의 머리가 전선으로 기계와 연결되어 있고 거기서 나온 결과가 종이나 컴퓨터 모니터에 구불구불한 선들로 나타나는 것이다. 뇌전도에 대한 이런 이미지는 정확하다. 뇌전도에 기록된 뇌 활동(뇌파)은 뉴런들이 만드는 전기 신호를 증폭한 결과다.

뇌전도는 통상적으로 '10~20 체계'에 따라 한 사람의 두피에

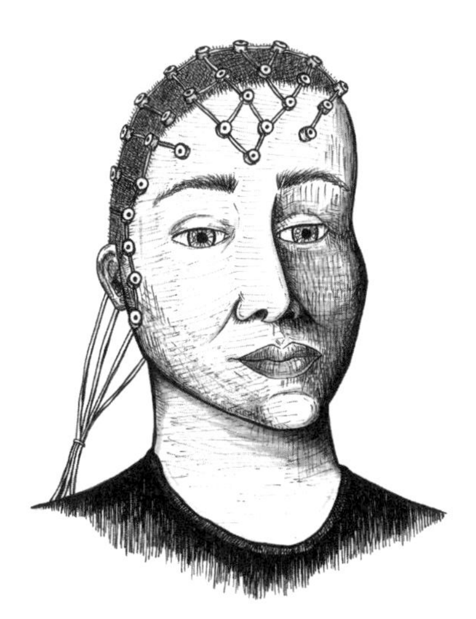

두피에 붙인 전극으로 어느 피질에서
전기 신호가 일어나는지 확인한다.

전극을 놓아 기록한다. 10~20 체계란 각 전극 아래 놓이는 대뇌 피질의 여러 영역 간 상대적 위치를 기반으로 한 뇌파 전극 부착 방법이다. 각 전극의 위치는 피질 중 어느 엽인지를 나타내는 문자(F=전두엽frontal lobe, T=측두엽temporal lobe, P=두정엽parietal lobe, O=후두엽occipital lobe, C=중심central)로 표시되고 반구상의 위치를 나타내기 위해 숫자를 붙인다. 짝수는 우반구, 홀수는 좌반구를 나타내며, 전극이 중앙에 있다는 것은 z로 표시한다. 10~20이란 이 시스템에서 각 전극 간의 거리가 전체 선의 10퍼센트 또는 20퍼센트인 점에 따른 것이다.

신경전달물질이 시냅스를 건너 가지돌기의 수용체에 결합하면, 그 물질은 작은 전기 신호를 발생시킨다. 뇌전도는 수천 개 뉴런에서 나온 이 작은 신호들의 총합을 두피에 올린 전극들을 통해 기록한다. 뇌전도를 활용하면 수면 단계마다 변화하는 의식 상태도 조사할 수 있고, 뇌전증이나 수면장애, 뇌종양, 뇌졸중 같은 신경 질환의 진단에도 참고할 수 있다.

더 찾아보기: 활동전위, 뇌전증, 수면, 뇌졸중

Epilepsy 뇌전증

발작을 특징으로 하는 신경 질환. 뉴런들이 비정상적인 신호의 뇌파를 일으켜 뇌에서 천둥 번개가 친다고 상상해보자. 이 비정상적 전기 활동의 결과 발작, 의식의 소실 또는 변화, 감각 변화, 경련 등이 일어날 수 있다. 뇌전증의 징후와 증상은 뇌의 어느 부분이 영향을 받느냐에 따라, 그리고 그 비정상적 전기 활동이 뇌에 퍼져가는 속도에 따라 다르지만, 발작은 대체로 건강상의 심각한 문제다.

뇌전증의 일차적 증상은 부분발작과 전신발작이다. 뇌의 작은 부분에서만 일어나는 부분발작은 의식에 영향을 줄 수도 있고(복합부분발작) 주지 않을 수도 있다(단순부분발작). 뇌의 양쪽 모두에 영향을 미치는 전신발작은 대체로 의식 변화를 일으킨다.

뇌전증은 대부분 원인이 밝혀지지 않았지만, 두부외상이나 뇌종양, 뇌졸중, 감염이 이 병을 초래할 수도 있다. 때로는 심한 스트레스나 수면 부족, 밝은 빛, 시끄러운 소리, 저혈당이 발작을 초래하기도 한다.

카바마제핀과 페니토인 같은 항전간성 약물이 대뇌피질 뉴런들의 비정상적 발화를 줄임으로써 많은 뇌전증 환자를 성공적으로 치료하고 있다. 약으로 발작이 통제되지 않는 경우에는 발작이 시작된 부위의 뇌 조직을 제거하는 수술을 받기도 한다. 그밖의 치료법으로는 비정상적 신호가 뇌의 한쪽에서 다른 쪽으로 전파되는 걸 막기 위해 수술로 뇌들보를 자르는 뇌들보 절제술, 대뇌반구를 들어내는 대뇌반구 절제술도 있다.

뇌전증을 진단받았거나 앓았던 것으로 추정되는 유명인으로는 작가 도스토옙스키1821~81, 트루먼 카포티1924~84, 에드거 앨런 포[1809~49], 루이스 캐럴[1832~98], 배우 리처드 버튼[1925~84], 마고 헤밍웨이[1954~96], 휴고 위빙[1960~], 대니 글로버[1946~], 작곡가 조지 거쉰[1898~1937], 가수 수전 보일[1961~], 닐 영[1945~], 애덤 호로비츠[1966~], 엘튼 존[1947~], 릴 웨인[1982~], 프린스[1958~2016], 운동선수 플로렌스 그리피스 조이너[1959~98], 러시아 정치가 블라디미르 레닌[1870~1924], 프랑스 정치가 나폴레옹 보나파르트[1769~1821]가 있다. 1979년에 앤서니 코엘료[1942~]는 뇌전증이 있는 사람으로서는 최초로 미국 하원의원에 당선되었다.

F

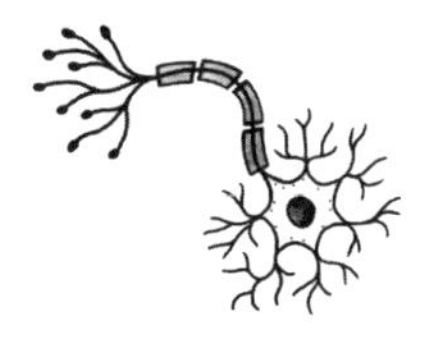

새로운 뇌 수술이 로즈메리의 행동을 통제하는 데
도움이 될 수 있을 거라는 이야기를 들은 아버지는
로즈메리가 23세 때 그 수술을 허락했다.

Fetal Alcohol Syndrome 태아 알코올 증후군

임신부의 알코올 섭취로 태아에게 생기는 이상. 임신한 여성이 술을 마시면 자신뿐 아니라 발달 중인 태아에게도 알코올의 영향이 미친다. 알코올은 지용성 분자라서 발달 중인 태아에게 공급되는 엄마의 혈액을 통해 쉽게 태반으로 이동한다. 태아가 알코올에 노출되면 신체와 인지 발달에 영향을 받을 수 있고 이 영향은 평생 갈 수도 있다.

알코올은 뇌의 정상적인 발달에 심각한 피해를 줄 수 있다. 뇌들보가 손상될 수 있고 기저핵의 크기가 작아질 수 있으며 소뇌, 해마, 대뇌피질에 손상이 생길 수 있다. 태아 알코올 증후군을 갖고 태어나는 아기에게는 작은 머리, 협응력 저조, 활동 과다 같은 특징이 나타날 수 있고, 눈구멍이 좁거나 입술이 유난히 얇거나 인중이 제대로 생기지 않는 등 이목구비가 비정상적으로 발달할 수 있다. 장기적인 학습장애가 있거나 주의, 의사결정, 충동 제어, 의사소통 등에 문제가 생기기도 한다.

맥주든 와인이든 증류주든, 섭취한 술의 종류가 무엇이든 뇌 발달에 미치는 영향에는 차이가 없다. 어느 정도까지의 알코올 섭취가 발달하는 태아에게 안전한지에 대해서는 알려진 바가 없다.

더 찾아보기: 알코올, 소뇌, 대뇌피질, 뇌들보, 해마

Fregoli Syndrome 프레골리 증후군

다른 사람들이 외양이나 체형을 바꿀 수 있다는 망상적 믿음을 특징으로 하는 흔치 않은 정신 질환. 기막힌 재주로 순식간에 모습을 바꾸는 공연자들을 생각해보라. 프레골리 증후군이 있는 사람들은 종종 자신이 변장한 사람에게 박해당한다고 믿는다.*

카프그라 증후군과 프레골리 증후군은 둘 다 얼굴에 대한 비정상적 인지 및 판단이 특징이라는 점에서 비슷하다. 그러나 카프그라 증후군은 자신이 익히 아는 사람들이 그들인 척하는 가짜에 의해 대체되었다고 믿는 것이지만, 프레골리 증후군의 망상은 다른 사람이 환자 자신이 아는 다른 사람들인 것처럼 가장할 수 있다는 믿음이다. 예를 들어 한 사람이 언제는 버스운전사인 척하고 또 언제는 사서인 척하고 있다고 믿는 식이다.

이 증후군의 이름은 금세 모습을 바꾸고 다른 사람들을 잘 흉내 내는 재주로 유명했던 공연자이자 이탈리아 배우 레오폴도 프레골리Leopoldo Fregoli, 1867~1936에게서 유래했다.

더 찾아보기: 카프그라 증후군

Frontal Lobe 전두엽

양쪽 뇌반구에서 두정엽 앞에 있는 부분으로, 감정과 계획, 기억, 문제 해결, 동작에 관한 정보 처리를 담당한다. 존 F. 케네디John F. Kennedy, 1917~63 대통령의 동생 로즈메리 케네디Rosemary

Kennedy, 1918~2005는 격한 감정 기복과 난폭한 감정 폭발을 곧잘 보였다. 그들의 아버지는 새로운 뇌 수술이 로즈메리의 행동을 통제하는 데 도움이 될 수 있을 거라는 이야기를 들었고, 로즈메리가 23세 때 그 수술을 해도 좋다고 의사들에게 허락했다.*

신경외과 의사인 제임스 W. 와츠James W. Watts, 1904~94는 정신과 의사 월터 프리먼Walter Freeman, 1895~1994의 보조를 받아, 로즈메리의 뇌에 버터나이프처럼 생긴 금속 탐침을 밀어 넣어 전전두엽과 나머지 전두엽을 분리했다. 수술은 실패했고, 로즈마리는 말하지도 걷지도 자신을 건사하지도 못하는 상태가 되었다. 로즈메리 케네디가 받은 수술(뇌엽절제술 또는 백질절제술)의 참담한 결과는 인지 기능과 감정, 성격에서 전두엽이 얼마나 중요한지를 잘 보여준다.

전신의 동작을 통제하는 띠 모양의 조직인 운동피질도 전두엽에 포함된다. 두정엽에 있는 감각피질처럼 운동피질에도 신체의 '지도'가 있다. 이 지도에서는 뇌 조직의 아주 많은 부분이 자유자재로 움직일 수 있는 신체 부위(예컨대 손가락, 손, 입)에 할당되어 있다. 피질에서 말을 만들어내는 일을 담당하는 브로카 영역 역시 전두엽에 위치한다.

사람에게 처음으로 전전두엽 절제술을 실시한 것은 1930년대 중반 포르투갈의 의사 안토니우 에가스 모니즈António Egas Moniz, 1874~1955였다. 초기에 그는 전두엽에 알코올을 주사하여 뇌 조직을 파괴했고, 나중에는 철사 고리를 집어넣어 전전두피질과 뇌의 나머지 사이의 연결을 절단했다. 모니즈는 이 일로 1949년에 노벨 생리학·의학상을 받았다. 환자들의 가족은 이 처치로 입은 피해 때문에 그의 수상을 철회시키려 노력했지만 실패했다.

더 찾아보기: 폴 브로카, 피니어스 게이지, 두정엽

G

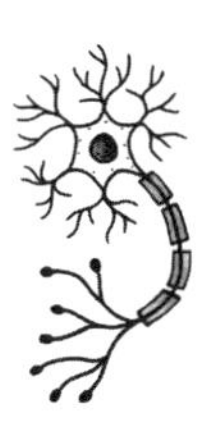

한때 존경받는 철도건설 현장감독이었던
피니어스 게이지는 이제 성격이 달라졌다.
충동적이며 거칠고 무례한 사람이 되었다.

GABA (Gammaaminobutyric acid) 가바

뇌와 척수에 흔한 신경전달물질로 활동전위의 생성을 억제한다. 가바는 시냅스후[20] 가바 수용체에 결합하면 그 뉴런을 과분극화[21]하여 활동전위의 전도를 억제한다. 가바가 결합하여 뉴런을 과분극화할 수 있는 수용체에는 두 유형이 있다. 가바가 (1) 가바-A 수용체에 결합하면 염화 이온이 뉴런 내부로 들어가고,[22] (2) 가바-B 수용체에 결합하면 포타슘의 전도도를 높이고[23] 시냅

20) 두 신경세포가 접합할 때 신경전달물질을 방출하는 축삭돌기의 신경세포는 시냅스전, 수용체를 통해 신경전달물질을 받아들이는 신경세포는 시냅스후에 위치한다—옮긴이.

21) 뉴런이 아무 신호를 생성하지 않는 휴지기에는 뉴런의 세포막을 경계로 안쪽은 상대적으로 음전하를 띠고 바깥은 상대적으로 양전하를 띤다. 이렇게 막을 기준으로 안팎의 전하가 양극단으로 나뉘어 있는 상태를 분극화(polarization)되어 있다고 표현한다. 시냅스에서 신경전달물질이 수용체에 결합하면 이에 반응하여 세포막의 이온통로들이 닫혀 있던 통로를 열어 바깥의 이온들을 유입시킨다. 이때 자극된 이온통로의 종류에 따라, 양이온이 세포 내부로 유입되는 경우에는 전위가 점점 높아지다가 일정한 문턱값을 넘으면 탈분극(depolarization)되어 활동전위를 촉발한다. 유입되는 이온이 음이온일 경우 세포막 내부의 전하는 더욱 음의 값으로 내려가 과분극(hyperpolarization) 상태가 되고, 활동전위는 억제된다—옮긴이.

22) 염화 이온은 음이온이므로 과분극을 유발한다—옮긴이.

23) 포타슘의 전도도가 높으면 포타슘 이온이 세포막 안팎으로 자유롭게 이동할 수 있는데, 농도가 높은 곳에서 낮은 곳으로 이동하니 점차 양쪽이 평형을 이뤄 더 이상 이동하지 않는 상태에 도달한다. 포타슘의 평

스전 뉴런의 칼슘 통로를 억제하여 신경전달물질의 분비 속도를 낮춘다.[24)] 두 경우 모두 뉴런 내부의 전위가 외부에 비해 더 음전하를 띠게 되고, 따라서 활동전위 생성이 더 어려워진다.

가바는 포유류 뇌에서 가장 풍부한 신경전달물질 중 하나로 중추신경계의 여러 신경회로에서 사용된다. 가바 신경전달물질계의 이상은 헌팅턴병, 알츠하이머병, 조현병, 우울증, 발작, 근긴장이상증, 경직 등의 신경 질환 및 정신 질환과 관련이 있다.*

더 찾아보기: 활동전위, 신경전달물질, 시냅스

피니어스 게이지 Gage, Phineas

철도건설 현장감독으로 일하다가 불행한 사고를 당해 뇌 연구 역사의 유명인사가 된 사람. 1848년 9월 13일 피니어스 게이지 1823~60는 버몬트주 캐번디시에서 철도건설 작업을 하던 중 작은 구멍에 화약을 채워 넣었다. 게이지가 쇠막대로 화약을 다질 때 스파크가 일었고, 이 스파크가 화약에 옮겨붙으며 110센티미터 길이의 쇠막대가 게이지의 광대뼈를 뚫고 들어가 좌측 전두엽을

형전위는 휴지전위보다 더 음전하를 띠므로 과분극을 일으킨다—옮긴이.

24) 시냅스전 뉴런의 축삭돌기 말단으로 칼슘 이온이 들어와야 신경전달물질을 품고 있는 소포와 막을 결합시켜 신경전달물질을 방출할 수 있다—옮긴이.

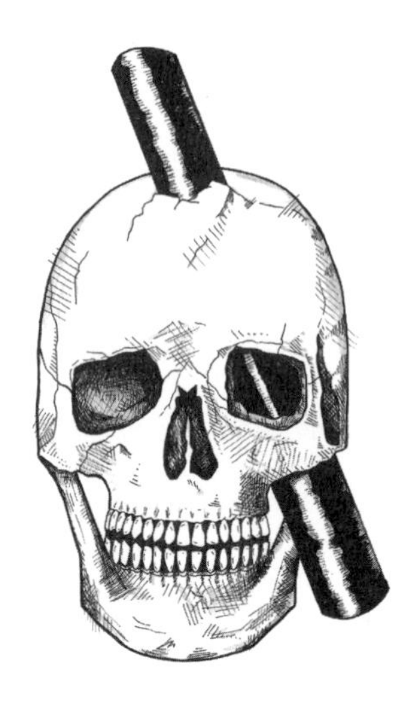

철도건설 현장감독으로 불행한 사고를 당해
왼쪽 눈과 전두엽을 잃었지만, 게이지는 살아남았다.

지나 두개골의 정수리 부분으로 튀어나왔다. 이 사고로 피니어스 게이지는 전 세계 신경과학 교과서에 실리게 되었다.

게이지는 이 사고 후에도 전혀 의식을 잃지 않았고, 의사는 실려온 게이지의 머리에 난 부상을 최선을 다해 치료했다. 뒤이은 뇌 감염으로 게이지는 며칠 동안 혼수상태에 빠졌지만 결국 회복했다. 하지만 게이지는 왼쪽 눈의 시력을 잃었고, 그가 회복한 뒤 사람들은 그의 성격이 달라졌음을 알아차렸다. 한때는 존경받는 현장감독이었던 게이지는 이제 충동적이며 거칠고 무례한 사람이 되었다. 이렇게 달라진 행동 때문에 그는 철도건설 일자리를 잃었다.

결국 게이지는 역마차 마부 일자리를 얻어 그 일로 생업을 유지할 수 있었다.* 게이지의 뇌 손상은 과학자들에게 전두엽이 의사결정과 계획, 성격, 문제 해결에 중요하다는 증거, 그리고 뇌에는 스스로 복구하는 능력이 있다는 증거를 제공했다.

게이지의 두개골과 그 쇠막대는 게이지를 치료한 의사인 존 할로John Harlow, 1819~1907가 1868년에 하버드대학의 워런Warren 해부학 박물관에 기증했다.

Galen 갈레노스

그리스의 의사이자 철학자. 갈레노스130?~213?는 오늘날의 튀르키예에서 태어났지만 그리스와 이집트로 가서 의학을 공부했다. 그는 검투사들의 의사로 일했고, (적어도 그에게는) 운 좋게도 부상당한 검투사들의 상처를 치료하는 경험을 통해 의술과 인간 신체에 관한 지식을 쌓을 수 있었다. 또한 로마의 황제들을 위해 일하면서 의학을 연구하고 책도 출판했다.

갈레노스는 신경계에 관한 묘사를 포함하여 해부학에 관한 방대한 글을 남겼다. 당시 인체 해부는 금지되어 있었기 때문에 동물을 해부했는데, 그는 동물들에게서 관찰한 사실들이 인간에게도 똑같이 적용된다고 가정했다. 해부학과 생리학에 관한 갈레노스의 생각들은 르네상스 시대에 과학자들이 인간의 시신을 검토하기 시작할 때까지 1,000년 넘는 세월 동안 도전받지 않았다. 이후 인체에 관한 갈레노스의 많은 생각이 잘못된 것으로 밝혀졌다. 예를 들어 갈레노스는 뇌가 의식의 자리가 아니라는 아리스토텔레스의 생각에 동의했다.

더 찾아보기: 아리스토텔레스, 안드레아스 베살리우스

Galvani, Luigi 루이지 갈바니

전기가 근육에 미치는 영향을 연구하고 전기생리학 분야를 개척한 이탈리아의 의사. 초기에 갈바니1737~98의 관심은 뼈와 새의 해부학에 쏠려 있었다. 갈바니의 명성은 그의 연구실에서 누군가 우연히 발전기에 연결된 메스로 개구리의 신경에 충격을 가했을 때 시작되었다. 이 실수로 인한 전기 충격은 개구리의 다리를 움찔하게 만들었고, 갈바니의 '동물전기' 이론을 낳은 새로운 실험들을 촉발했다.

갈바니가 한 실험들의 결과는 1791년에 출간된 『전기가 근육 움직임에 미치는 영향에 관한 주석』*De viribus electricitatis in motu musculari commentarius*이라는 책에 상세히 기술되어 있다. 갈바니는 서로 다른 금속으로 개구리의 신경을 건드리면 개구리의 근육이 수축한다는 것을 증명했다. 또한 그는 자연전기(번개)와 인공전기(마찰) 둘 다 근육을 움찔거리게 한다고 지적했다. 이러한 관찰로 갈바니는 동물의 조직에는 자체에 내재한 힘 또는 '동물전기'가 있다고 결론지었다. 그는 금속 메스가 어떠한 방법으로 개구리 몸속의 전기를 방출시킨 것이며, 그 실험은 동물의 몸속에 전기와 유사한 액체가 있다는 자신의 생각을 뒷받침한다고 생각했지만 그건 틀린 생각이었다.

알레산드로 볼타Alessandro Volta, 1745~1827는 가장 앞장서서 갈바니를 비판했다. 볼타는 동물에게 전기를 띤 액체는 존재하지 않으며, 근육을 움찔거리게 한 전기는 두 가지 다른 금속의 접촉 때문에 일어난 것이라고 주장했다.* 동물의 액체 전기에 관한 갈바니의 생각은 틀렸지만, 그가 한 관찰들은 신경 및 근육 생리학의 토대를 놓았다. 어떤 면에서 갈바니는 시대를 앞선 사람이었다. 신경과 근육은 실제로 활동전위 같은 전기 임펄스를 생성하기 때문이다.

갈바니의 말년은 개인적인 여러 사건으로 불행했다. 갈바니의 아내이자 연구 동료였던 루치아 갈레아치 갈바니Lucia Galeazzi Galvani는 1788년에 사망했고, 프랑스 혁명으로 갈바니는 실험을 계속할 수 없게 되었다. 나폴레옹 보나파르트의 군대가 북부 이탈리아를 점령하여 세운 괴뢰정권은 대학 교직원들에게 충성 맹세를 요구했고, 갈바니는 그 요구를 거부한 결과 일자리를 잃었다.

더 찾아보기: 활동전위, 알레산드로 볼타

Glia 교세포

신경계에서 뉴런을 제외한 보조적 세포들. 교세포는 더 유명한 뉴런만큼 많은 관심을 받지 못한다. 뉴런과 달리 교세포들은 활동전위를 생성하지 않는다. 심지어 교세포라는 단어의 어원은 '아교'(접착제)를 뜻하는 그리스어인데, 이는 초기 과학자들이 교세포가 신경계를 하나로 모아 붙잡아주는 역할만을 한다고 생각했기 때문이다. 오늘날 우리는 교세포가 신경계의 기능에서 필수적인 여러 역할을 한다는 걸 알고 있다.*

중추신경계와 말초신경계에는 여러 유형의 교세포가 존재한다. 별세포는 별 모양의 교세포로 뇌의 노폐물을 제거하고, 영양소를 뉴런으로 이동시키며, 구조적으로 뉴런을 지탱하고, 뉴런 주변의 신경전달물질 수준을 조절한다. 말초신경계에 있는 위성세포는 뉴런을 구조적으로 지지하고, 미세신경교세포는 죽은 뉴런을 소화하고 독소를 제거함으로써 별세포와 비슷한 일을 하며, 또한 불필요한 시냅스들을 가지치기함으로써 발달 중인 뇌의 형태를 결정하는 일을 돕는 것으로도 보인다. 중추신경계에서는 희소돌기아교세포가 뉴런의 축삭돌기를 감싸는 말이집을 형성하는데, 말초신경계에서는 슈반세포가 말이집을 만든다.

신경계의 톱스타는 뉴런일지 모르지만, 교세포가 없으면 쇼는 계속될 수 없다.

더 찾아보기: 활동전위, 신경전달물질, 뉴런, 말이집

Golgi, Camillo 카밀로 골지

뉴런 전체를 염색할 수 있는 혁신적 방법을 발견한 이탈리아의 신경과학자. 파비아대학 의대를 졸업한 뒤로 골지1843~1926는 주로 정신의학에 관심을 기울였다. 그러다 어느 병원의 주방에 작은 실험실을 꾸린 뒤로는 신경계의 구조에 관심을 쏟았다.

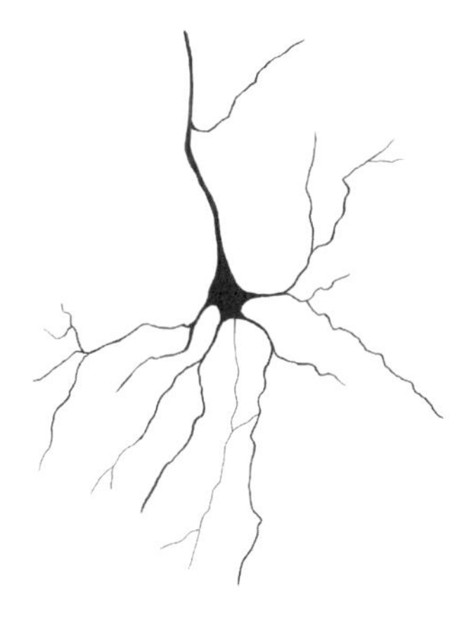

골지는 신경계가 서로 연결된 뉴런들의 거대한 그물망처럼 구성되어 있다고 생각했다.

주방 실험실에서 일하는 동안 골지는 질산은과 다이크로뮴산포타슘을 써서 개개의 뉴런 전체를 염색하는 화학적 공정을 발견했고, 염색된 조직의 색깔을 보고 이 과정을 '흑색 반응'reazione nera이라고 명명했다.* 골지는 염색된 조직을 관찰하여, 신경계가 서로 연결된 뉴런들의 거대한 그물망처럼 구성되어 있다고 생각하게 되었다.

이 '망상 이론'은, 신경계가 개별 세포들로 이루어져 있다는 산티아고 라몬 이 카할의 '뉴런 이론'과 정면으로 배치됐다. 그러나 신경해부학적 연구 방법들이 향상되면서 라몬 이 카할의 뉴런 이론이 정확한 것으로 증명되었다.

골지I세포, 골지II세포, 골지체, 골지힘줄기관 등 그의 이름이 붙은 구조물이 여럿 있다. 1906년에 골지는 신경계 구조의 이해에 기여한 공으로 경쟁자인 라몬 이 카할과 함께 노벨 생리학·의학상을 공동 수상했다.

더 찾아보기: 뉴런, 산티아고 라몬 이 카할

H

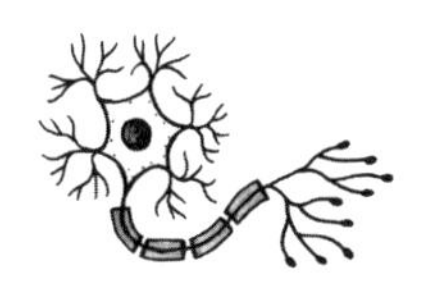

수천 개의 도로와 위치를 암기해야 하는
런던 택시 운전면허 시험을 통과한 운전사들은
떨어진 운전사들보다 해마가 더 컸다.

Hippocampus 해마

측두엽에서 편도체 뒤에 위치한 뇌 구조물로, 기억의 형성에서 중요한 역할을 한다. 초기의 신경해부학자들은 측두엽의 가운데 부분을 해부했을 때, 하얀 누에 또는 숫양의 뿔을 닮은 구조물을 발견했다. 이탈리아의 외과 의사이자 해부학자였던 율리우스 카이사르 아란티우스Julius Caesar Arantius, 1530~89의 눈에는 해마처럼 보였고, 그래서 그는 그 부위에 해마를 뜻하는 라틴어 'hippocampus'로 이름을 붙였다.*

해마는 정보를 장기기억으로 넘기는 데 핵심적인 역할을 한다. 더 구체적으로 말해서 해마는 사실, 이름, 사건을 다루는 서술기억 또는 명시적 기억을 형성하는 데 일조한다. 해마에 손상을 입은 사람들에게는 새로운 서술기억을 형성하지 못하는 전향 기억상실증이 생긴다. 해마가 손상되기 전에 확립된 기억들은 멀쩡히 유지되지만, 새로운 서술기억은 형성되지 않는 병이다.

해마는 기억에서 하는 역할뿐 아니라, 유기체가 처한 환경의 지도를 작성하는 데도 중요한 뇌 자체의 GPS로 여겨지기도 한다. 과학자들은 동물이 특정 위치에 있을 때 장소세포라는 해마 뉴런들이 반응하는 것을 발견했다. 해마 근처의 뇌 영역에는 격자세포라는 또 다른 종류의 세포도 있는데, 이 세포는 공간을 타일로 나눈 것처럼 일정한 격자 안에서 다양한 위치를 파악할 때 활성화된다. 장소세포와 격자세포는 서로 협력하여 동물이 공간 속에서 자신이 어디 있는지 파악하게 돕는다. 흥미롭게도 수천 개의 도로와 위치를 암기해야만 하는 런던 택시 운전면허 시험을 통과한 운전사들은 떨어진 운전사들보다 해마가 더 컸다.* 이 결과는 해마가 공간에서 길과 방향을 찾아가는 데 중요하다는 또 하나의 증거를 제공한다.

존 오키프John O'Keefe, 1939~와 마이브리트 모세르May-Britt Moser, 1963~, 에드바르 모세르Edvard I. Moser, 1962~는 해마 연구와 뇌의 위치 파악 시스템에 관한 연구로 2014년 노벨 생리학·의학상을 공동 수상했다.

더 찾아보기: 편도체, 헨리 몰레이슨, 측두엽

Huntington's Disease 헌팅턴병

비정상적 동작과 진행성 치매가 특징적으로 나타나는 치명적인 신경퇴행성 유전 질환. 미국에서 약 4만 명이 이 병을 앓고 있다. 이 병이 있는 부모의 자녀는 같은 병에 걸릴 확률이 50퍼센트에 이른다.

헌팅턴병의 구체적 원인은 헌팅턴 단백질을 만드는 유전자에 일어난 변이다. 이 변이는 그 DNA의 몇 개 분절을 비정상적으로 반복하여 비정상적 형태의 헌팅턴 단백질을 만들고 그 결과 뉴런을 손상시킨다. 헌팅턴병으로 해를 입는 것은 뇌의 기저핵, 특히 꼬리핵caudate nucleus과 창백핵globus pallidus에 있는 뉴런들이다.** 이

어머니에게 헌팅턴병을 물려받은 포크 가수
우디 거스리는 55세의 나이에 세상을 떠났다.

뉴런들이 손상되면 치매, 무도병[25], 협응 저조, 우울증, 기억 상실, 급격한 기분 변화 등이 생긴다. 이 증상들은 보통 30~50세 사이에 나타난다. 증상을 줄일 수 있는 몇몇 약이 있기는 하지만, 헌팅턴병 자체를 치료할 방법은 없으며 환자들은 보통 증상이 시작되고 10~25년 안에 사망한다.

포크 가수 우디 거스리Woody Guthrie, 1912~67는 어머니에게 헌팅턴병을 물려받았다.* 건강이 악화된 거스리는 말을 할 수 없고 불수의적 동작을 통제할 수 없게 되는 단계까지 이르렀다. 거스리의 자녀 중 두 명도 헌팅턴병이 있었지만, 싱어송라이터인 아들 아를로 거스리Arlo Guthrie, 1947~는 그 병을 물려받지 않았다.

25) 몸이 경련하듯 급격하고 무작위적으로 움직이는 증상—옮긴이.

L

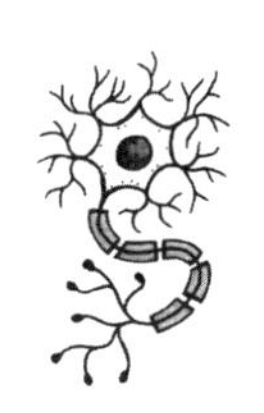

납에 노출되는 것은 건강에 심각한
위험을 초래하는데, 아직 뇌가 발달 중인
어린이들에게 특히 더 위험하다.

Lead 납

신경계 및 다른 신체 계통에 독성을 미치는 중금속 원소. 납은 수천 년 동안 파이프, 솥, 화장품, 광택제, 페인트 등에 사용되어온 가치 있는 물건이다. 미국에서는 20세기 말에 휘발유와 가정용 페인트에서 납을 퇴출했지만, 이 중금속은 오래된 페인트가 칠해진 집과 오래된 파이프가 있는 건물들에 아직 남아 있다. 미국 보건복지부는 미국의 3,700만 가정에 납 성분이 포함된 페인트가 남아 있는 것으로 추정한다.*

납에 노출되는 것은 건강에 심각한 위험을 초래하는데, 아직 뇌가 발달 중인 어린이들에게 특히 더 위험하다. 아이들은 벽에서 벗겨진 오래된 페인트 파편을 먹거나 납 가루를 흡입할 수 있기 때문이다. 납은 뉴런들이 서로 연결되고 정보를 주고받는 과정을 방해한다. 뉴런 경로에 교란이 생기면 지능, 기억, 주의, 동작, 기분 등의 문제를 비롯하여 행동과 신경에 파괴적 영향을 미칠 수 있다.** 음식을 먹기 전에 손을 씻으면 우연히 납을 섭취할 가능성을 줄이는 데 도움이 된다. 납에 노출됐을지도 모른다는 걱정이 드는 사람은 혈액 검사를 통해 납 수치를 알아볼 수 있다.

납의 원소기호는 Pb로 '급수'를 뜻하는 라틴어 'plumbum'에서 왔다. 짐작하겠지만 영어 단어 plumber[배관공]와 plumbing[배관]도 어원이 같다.

Levi-Montalcini, Rita 리타 레비몬탈치니

신경성장인자를 선구적으로 발견한 이탈리아와 미국[26)]의 신경과학자. 레비몬탈치니1909~2012는 격동의 시대에 과학자 경력을 이어간 인물이다.* 이탈리아 토리노의 부유한 유대인 집안에 태어난 그는 토리노대학에서 의학을 공부했는데, 이 시기의 스승 중 살바도르 에드워드 루리아Salvador Edward Luria, 1912~91와 레나토 둘베코Renato Dulbecco, 1914~2012는 이후 노벨상을 수상했다.

레비몬탈치니가 토리노대학을 졸업하고 몇 년 뒤 베니토 무솔리니Benito Mussolini, 1883~1945의 파시스트 정부가 들어서서 유대인들의 이탈리아 시민권을 박탈하고 아리아족이 아닌 사람들이 직업을 갖는 것을 금지했다. 이 선언으로 레비몬탈치니는 어쩔 수 없이 이탈리아를 떠나 벨기에의 브뤼셀로 갔다.

독일군이 벨기에를 침공하고 몇 주 뒤 그는 다시 토리노로 돌아갔다. 처음에는 자기 침실에 작은 실험실을 꾸렸고, 연합군의 폭격이 심해지자 토리노에서 더 멀리 떨어진 곳에 또 하나의 집 안 실험실을 만들었다. 1943년 독일군이 이탈리아를 침략하자 레비몬탈치니는 피렌체로 옮겨 가 전쟁이 끝날 때까지 지하에서 생활하며 피난민들을 위해 의료 봉사 활동을 했다.

제2차 세계대전이 끝난 뒤에는 워싱턴대학교 세인트루이스캠

26) 이탈리아와 미국의 시민권을 둘 다 갖고 있었다—옮긴이.

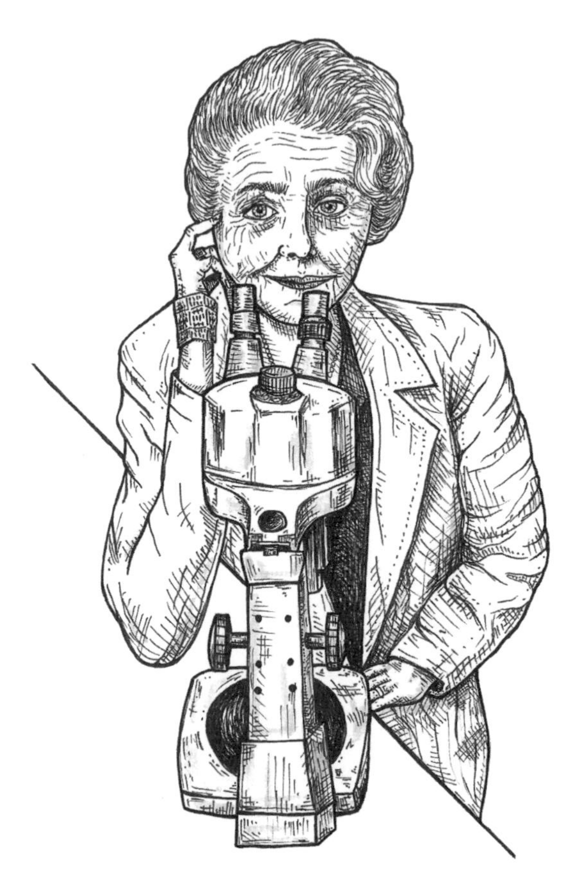

리타 레비몬탈치니는 신경성장인자를 발견해
손상된 뉴런을 복구하는 치료법을 찾을 길을 열어놓았다.

퍼스에서 빅토르 함부르거Viktor Hamburger, 1900~2001와 함께 일하는 연구직을 수락했고, 워싱턴대학에 있는 동안 뉴런의 발달에 관해, 그리고 뉴런의 성장을 돕는 단백질과 아미노산에 관해 연구했다. 뉴런의 성장을 촉진하는 단백질 신경성장인자를 발견함으로써 그는 신경계가 발달하는 방식에 관한 우리의 이해를 바꿔놓았고, 신경퇴행성 질환으로 손상된 뉴런을 복구하는 치료법들을 찾을 길을 열어놓았다.

1986년에 그는 신경성장인자 발견의 공을 인정받아 노벨 생리학·의학상을 수상했다. 말년에는 정치계에서 활발히 활동했고, 2001년에는 이탈리아 대통령이 그를 종신 상원의원으로 임명했다.

Lewy Body Dementia 루이소체 치매

뇌에 루이소체가 널리 퍼져 인지 능력을 떨어뜨리는 진행성 신경퇴행성 질환. 배우 로빈 윌리엄스Robin Williams, 1951~2014는 세상을 떠나기 전 몇 달 동안 우울증과 불안증, 수면 장애, 기억 상실, 편집증, 망상에 시달렸다. 2014년 8월 11일, 그는 결국 스스로 목숨을 끊었다. 부검을 통해 윌리엄스의 뇌에 루이소체가 퍼져 있음이 드러났고, 루이소체 치매의 진단이 확정되었다.

루이소체 치매에 걸린 사람들의 뇌에는 알파시누클레인이라는 단백질이 비정상적인 양으로 축적되어 있다. 루이소체는 이 단백질들로 구성된다. 알파시누클레인은 건강한 뇌에도 존재하며 신경 신호 전달을 돕는다. 문제는 이 단백질이 뉴런 내부에, 특히 신경전달물질 아세틸콜린과 도파민을 사용하는 뉴런에 축적되어 이 뉴런들이 제대로 작동할 수 없게 될 때 생긴다. 알파시누클레인이 축적된 뉴런은 결국 죽게 되고 그 결과 루이소체 치매가 발생한다. 루이소체는 흔히 대뇌피질과 해마, 기저핵, 뇌간을 표적으로 삼는다. 이렇게 여러 군데에 일어난 손상이 루이소체 치매 환자들에게서 보이는 인지, 수면, 사고, 기억, 감정, 동작, 언어 문제 등 다양한 증상의 원인이다.

안타깝게도 루이소체가 뉴런 내부에 비정상적으로 축적되는 원인은 밝혀지지 않았으며, 이 병의 치료법도 존재하지 않는다. 일부 약물(수면개선 약물이나 항우울제 등)이 루이소체 치매의 증상을 관리할 수는 있지만, 병의 진행을 멈추는 치료법은 없다.

루이소체라는 명칭은 1912년에 이 비정상적 단백질을 발견한 독일 출신의 미국 신경학자 프레드릭 H. 루이Frederich H. Lewy, 1885~1950의 이름을 따서 지어졌다.*

더 찾아보기: 신경전달물질

Loewi, Otto 오토 뢰비

신경전달물질 아세틸콜린을 발견한 독일 출신 미국 신경과학자. 1920년대 초 어느 밤, 뢰비1873~1961는 꿈에서 새로운 실험에 관한 아이디어를 얻고 잠에서 깼다. 그는 그 생각을 적어두고 다

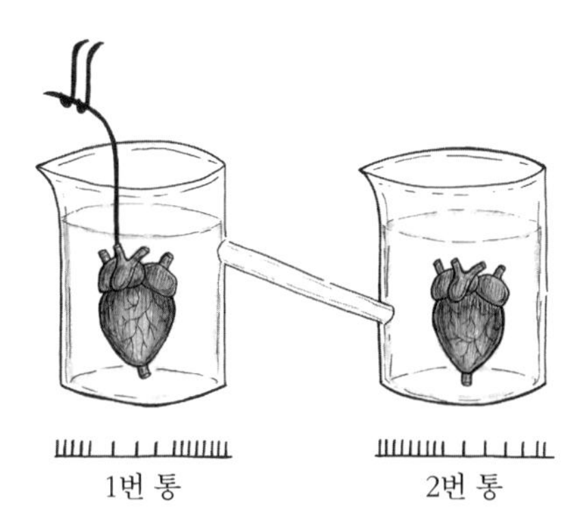

심장 1을 담갔던 1번 통의 액체를 2번 통에 붓자
심장 2의 심박이 느려졌다.

시 잠들었다. 그러나 아쉽게도 이튿날 아침 그는 자기가 쓴 글을 알아볼 수 없었고 꿈속의 끝내주는 실험에 대한 아이디어도 기억나지 않았다. 뢰비에게, 그리고 신경과학 분야에게 다행이었던 것은 그가 이튿날 밤에 또 같은 꿈을 꾸었고, 이번에는 곧바로 연구실로 갔다는 사실이다.

연구실에서 뢰비는 개구리의 심장을 액체가 담긴 통에 넣었다. 뢰비가 개구리 심장의 미주신경에 충격을 가하자 심박 속도가 떨어졌다. 이 통에 담긴 액체를 다른 통에 든 개구리 심장에 붓자, 이 둘째 개구리 심장도 심박이 느려지는 것이 아닌가.* 뢰비는 미주신경이 어떤 식으로든 액체 속에 어떤 화학물질을 분비했고 그 물질이 두 심장에 영향을 준 것이라고 추측했다. 뢰비의 그 생각은 옳았다. 뢰비는 신경전달물질 아세틸콜린을 발견한 것이다. 그는 이 물질에 '미주물질'이라는 의미로 바구스슈토프Vagusstoff라는 이름을 붙였다.

후에 이 물질은 1914년에 헨리 데일Henry Dale, 1876~1968이 처음 발견한 아세틸콜린으로 확인되었다. 뢰비와 헨리는 신경 자극의 화학적 전달에 관한 이 발견으로 1936년에 노벨 생리학·의학상을 공동으로 수상했다.

더 찾아보기: 신경전달물질

Lysergic Acid Diethylamide (LSD)

리세르그산 디에틸아미드

지각, 기분, 현실감각을 변화시키는 환각 유발성 약물. 1943년 4월 어느 늦은 오후, 스위스의 화학자 알베르트 호프만Albert Hofmann, 1906~2008은 자신이 만든 새로운 약물을 소량 섭취해보았다.* 그 약을 복용한 뒤 자전거를 타고 집으로 돌아가는 길에 환시와 마비되는 느낌, 어지럼증을 경험했다. 이 기이한 증상의 원인은 무엇일까? 호프만은 리세르그산 디에틸아미드, 즉 LSD를 투약한 것이었다.

LSD는 색깔도 냄새도 맛도 없지만, 0.05밀리그램의 극소량으로도 환각을 일으킬 수 있다. LSD의 효과는 용량에 따라, 그리고 사용자의 기대와 기분에 따라 다르다. LSD를 투약하면 보통 30~60분 안에 약효가 느껴지기 시작하고, 약에 취한 상태는 12시간 정도 지속된다. 흔히 나타나는 효과로는 환시와 불안, 감정 변화, 심박과 체온 상승, 시간과 공간에 대한 지각 왜곡 등이 있다.

뇌의 어떤 메커니즘이 LSD의 효과를 낳는지 모두 밝혀진 것은 아니지만, 신경전달물질 세로토닌을 사용하는 뇌 경로가 그 메커니즘에 관여할 가능성이 크다. 세로토닌은 기분과 동작 통제, 체온 조절에서 중요한 역할을 한다. LSD의 화학 구조는 세로토닌의 구조와 비슷하기 때문에, LSD의 효과는 세로토닌을 사용하는 뉴런들이 활성화된 결과 발생할 공산이 크다.

미국에서 LSD는 현재 의학적 쓸모는 없고 남용 가능성이 큰 스케줄 I 약물로 지정되어 있고, 1그램의 LSD를 소지하고 있으면 5년 형에 처해진다.* 그러나 1950년대와 1960년대에는 LSD의 잠재적인 치료 효과, 특히 알코올의존증 치료에 쓸모가 있는지 탐색하는 연구가 많았다. 최근 10년 사이에는 LSD를 보조적으로 사용하여 불안증과 우울증, 통증을 치료하는 심리치료에 대한 관심이 다시금 일었다.** LSD를 신경·정신 치료에 사용해도 안전하고 효과가 있는지 판단하려면 추가적 연구가 더 필요하다.

더 찾아보기: 환각 버섯, 신경전달물질, 세로토닌

M

뇌전증 발작을 완화하기 위한 수술은
발작을 치료하는 데는 성공했지만,
이후 몰레이슨은 다시는 새로운 기억을 형성하지 못했다.

Magnetic Resonance Imaging (MRI)

자기공명영상

자기장 안에서 고주파 신호의 변위를 감지함으로써 뇌의 해부학적 모습을 보여주는 비침습적 방법. MRI 기계에 들어가면 좁은 관 안에 들어가 꼼짝하지 않고 있어야 하므로 폐소공포증이 있는 사람이라면 곤란할 수 있다. 사람이 MRI 기계에 들어가고 나면 자기장이 그 사람의 신체 조직 내에 있는 양성자들을 정렬한다. 그런 다음 조직들에 전자기파를 통과시켜 양성자들을 자극하면 양성자들의 스핀[27)]이 바뀐다. 전자기파 신호를 끄면 양성자들이 재정렬하는 동안 MRI 기계가 양성자의 에너지를 감지한다. 서로 다른 조직들은 자기장 안에서 서로 다른 방식으로 전자기파에 반응하고 그 결과 최종적인 MRI 영상이 만들어진다.

그 최종 이미지에서 건강한 조직과 병든 조직을 알아볼 수 있기 때문에 MRI는 신경 질환을 감지하고 진단하는 데 사용된다. 또한 MRI는 엑스선이나 방사성 물질을 사용하지 않으므로 다른 뇌 영상 기법들보다 더 안전하다. 그러나 기계에서 강력한 자력이 발생하므로 MRI 검사를 받을 때는 모든 금속 물체를 제거해야 한다.

더 찾아보기: 컴퓨터 단층촬영

27) spin: 입자에 내재하는 운동량—옮긴이.

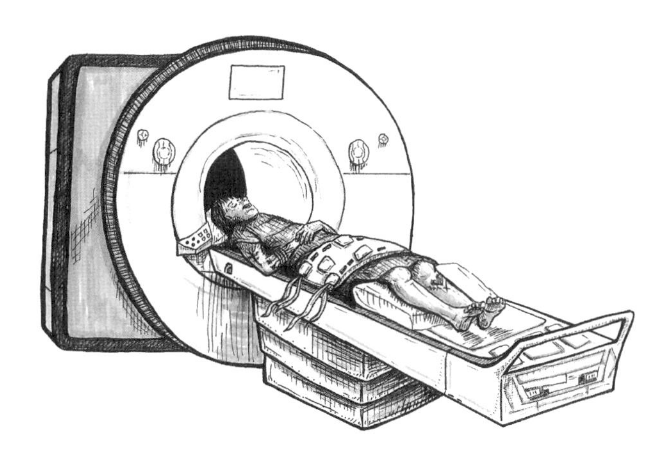

MRI 기계는 강력한 자기장을 형성한다.
검사를 받기 전에 몸에서 금속 물체를 제거해야 한다.

Marijuana 대마초

대마*Cannabis sativa*나 인도대마*Cannabis indica*라는 식물의 잎, 꽃, 줄기, 씨앗을 말린 것. 한때 불법 약물이었던 대마초는 현재 미국의 여러 주에서 의료용과 오락용으로 합법화되어 있다. 대마초에는 몇 가지 향정신성 화학물질이 포함되어 있는데 그중 가장 잘 알려진 향정신성 성분은 델타-9-테트라하이드로칸나비놀THC이다. 대마초의 비향정신성 성분인 칸나비디올CBD은 최근 들어 통증, 메스꺼움, 뇌전증 치료 가능성으로 관심을 받고 있기도 하다. 대마초는 말아서 연초로 피우는 방식이 가장 흔하지만, 제빵 시 넣거나 차에 섞어 우리거나 사탕 같은 다른 식품에 섞어 넣을 수도 있다. THC가 들어간 전자 담배도 있다.

THC는 뇌의 엔도카나비노이드 신경전달물질계에 작용한다. 이 계에 속하는 뉴런들에는 THC에 의해 활성화되는 수용체가 있으며, 이 수용체들은 기억, 의사결정, 지각, 동작 같은 기능에 중요한 영역인 해마, 대뇌피질, 소뇌, 기저핵에 특히 많다. 따라서 THC가 이 영역들을 자극하면 긴장이 풀리고, 지각에 변화가 생기며, 주의력과 협응력이 떨어지고, 방향 감각을 잃을 수 있다.

대한민국에서 대마초는 여전히 불법이다. 대마초 흡연 시
5년 이하의 징역 또는 5천만 원 이하의 벌금형을 받을 수 있다.

대마초 사용이나 과다사용이 사망을 초래했다고 기록된 사례는 없지만, 이 약물은 불안, 편집증, 심지어 정신증 같은 달갑지 않은 부작용을 초래할 수도 있다. 국립약물남용연구소에 따르면 대마초를 사용하는 사람의 약 30퍼센트에서 중독과 의존 같은 대마초 사용 장애가 나타난다고 한다.*

더 찾아보기: 신경전달물질

Meninges 수막

뇌와 척수를 둘러싸고 있는 세 층의 막(경막, 지주막, 연막). 수막은 뇌와 두개골 사이, 척수와 척추 사이에서 보호 장벽 역할을 한다. 두개골 바로 밑에 있는 수막의 가장 바깥층은 경막dura mater이라고 한다. 라틴어로 '강인한 어머니'를 뜻하는데, 조직이 두껍고 튼튼해서 붙은 이름이다.

경막은 뇌가 두개골 안에서 제자리를 유지하게 해주고 부상을 초래할 위험이 있는 움직임으로부터 뇌를 보호한다. 경막 아래에는 거미줄 같은 형태의 수막 가운데 층인 지주막ararchnoid이 있는데, 이 아래에는 뇌척수액이 순환하는 공간이 있다. 뇌에 가장 가까운 안쪽 층은 라틴어로 '온화한 어머니'를 뜻하는 연막pia mater이라고 하며, 아주 얇고 투명한 막이다.

수막이 세균이나 바이러스에, 드물게는 균류에 감염되어 염증이 생기는 수막염은 심각한 건강 문제를 초래한다. 수막염에서 흔히 나타나는 증상은 발열, 두통, 그리고 밝은 빛을 견디지 못하고 목이 뻣뻣해지는 것이다. 뇌척수액을 뽑아 검사하면 수막염의 유형을 판별할 수 있고 어떤 치료법을 써야 하는지, 예컨대 항생제를 쓸지 항진균제를 쓸지를 판단할 수 있다. 몇몇 세균성 수막염의 경우, 기숙사에 사는 대학생 같은 고위험군에게 백신이 효과가 있어 백신 접종이 권장된다. 세균성 수막염을 치료하지 않고 두면 목숨이 위태로워질 수도 있다.

수막의 순서를 외울 때는 "수막은 뇌의 패드PAD"라고 외우면 쉽다. P=pia연막, A=arachnoid지주막, D=dura경막이다.

더 찾아보기: 뇌척수액, 뇌두개골, 척추

Mercury 수은

신경독소로 작용하는 중금속 원소. 루이스 캐럴Lewis Carrol, 1832~98은 『이상한 나라의 앨리스』에서 모자장수의 기이한 행동을 묘사했다. 캐럴의 이 '미친 모자장수'Mad Hatter는 19세기에 펠트 모자를 만들던 사람들을 바탕으로 창조한 것이라는 설이 있다.

당시 펠트 모자를 만들던 사람들은 펠트 제조 공정에서 사용하던 수은의 신경독소에 노출되는 일이 많았다. 수은 중독은 성격, 기분, 기억의 변화를 초래한다. 에이브러햄 링컨 대통령도 매드해터 증후군의 증상들을 보였는데, 우울증 치료에 사용한 알약에 든 수은과 관련된 것으로 추정된다.* 다행히 링컨은 대통령 취임 얼

수은은 신경 신호 전달을 방해해 심각한 장애를 일으킬 수 있다.

마 후부터 그 약을 복용하지 않았고 그러자 그의 행동도 안정화되었다.

수은을 섭취하거나 흡입하거나 흡수하면 신경계, 특히 발달 중인 뇌에 파괴적인 영향을 입을 수 있다. 수은은 대뇌피질과 소뇌, 척수, 말초신경을 표적으로 뉴런을 죽이고 신경 신호 전달을 방해한다. 수은 때문에 발생한 가장 잘 알려진 환경 재해는 1950년대 일본의 미나마타만에 버려진 메틸수은으로 바닷물이 오염되었을 때 일어났다. 그렇게 오염된 해산물을 먹은 어머니들이 낳은 많은 아이에게서 마비, 발작, 언어장애, 청각·시각·촉각 장애 등의 신경학적 질환이 발생했다.

오래된 온도계가 부서져 수은이 새어 나온 경우에는 종이나 마분지로 조심스럽게 떠올려 병에 넣고 뚜껑을 닫아야 한다. 이 병은 다른 유해 폐기물과 함께 폐기해야 하며, 수은을 다룬 사람은 반드시 손을 씻어야 한다. 수은을 치울 때 진공청소기는 절대 사용하면 안 된다. 그러면 청소기가 오염되어 모든 사람이 숨 쉬는 공기 속으로 수은 증기를 퍼뜨리게 된다.

더 찾아보기: 납, 신경독소

Milner, Brenda 브렌다 밀너

영국 출신 캐나다 신경심리학자. 1936년 케임브리지대학에 입학했을 때 수학을 공부했던 밀너1918~는 이후 심리학으로 전공을 바꾸었다. 학부생 시절 뇌 손상 환자를 연구하는 것이 정상적인 인지 기능에 대한 통찰을 준다는 점에 흥미를 느꼈던 그는 같은 대학에서 연구를 이어갔고, 1949년에 실험심리학 석사학위를 받았다.

1952년에는 맥길대학에서 도널드 헤브Donald Hebb, 1904~85의 지도 하에 측두엽 손상이 지능과 기억에 미치는 영향을 연구하여 심리학 박사학위를 받았다. 그런 다음에는 신경외과의사인 와일더 펜필드Wilder Penfield, 1891~1976의 연구소에 들어갔다. 그리고 1955년 4월, 밀너는 자기 인생을 바꿔놓고 자신을 세상에서 가장 영향력 있는 신경과학자 중 한 사람으로 만들어준 헨리 몰레이슨Henry

Molaison이라는 환자를 만났다.

몰레이슨은 뇌전증 발작을 완화하기 위해 측두엽 수술을 받은 사람이었다. 수술은 발작을 치료하는 데는 성공했지만, 이후 몰레이슨은 다시는 새로운 기억을 형성하지 못했다. 밀너는 몰레이슨이 동작 과제를 학습할 수는 있지만 자기가 어떻게 그걸 배웠는지는 기억하지 못하는 이유를 이해하기 위해 30년 넘게 그를 연구했다. 밀너의 신중한 실험들로, 단기기억을 장기기억으로 전환하는 일에서 측두엽이 핵심적 역할을 한다는 사실, 그리고 뇌에는 여러 가지 기억 시스템이 있다는 사실이 밝혀졌다. 최근 밀너는 공간기억과 언어에 중요한 뇌 메커니즘에 연구의 초점을 맞추고 있다.

현재 밀너는 100세가 넘었음에도 여전히 캐나다 몬트리올에 있는 맥길대학에서 교수로 계속 일하고 있으며, 연구 업적으로 많은 상과 훈장을 받았다. 2021년에는 인지신경과학학회가 밀너와 그의 성취를 기리는 특별 심포지엄을 개최했다.

더 찾아보기: 헨리 몰레이슨, 와일더 펜필드, 측두엽

Molaison, Henry 헨리 몰레이슨

뇌전증 발작을 통제하기 위해 뇌 수술을 받은 뒤 기억에 문제가 생긴 환자. 피니어스 게이지처럼 헨리 몰레이슨1926~2008도 신경과학 교과서에 실려 신경과학을 공부하는 모든 학생이 알아야 하는 유명한 환자가 되었다. H.M.이라고도 불린다.

헨리는 일곱 살 때 자전거에 치인 뒤, 몇 년 후 뇌전증 발작이 일어나기 시작했고 자랄수록 발작은 더 심해졌다. 결국 27세 때 발작을 통제하기 위한 뇌 수술을 받았다. 이 수술에서 신경외과 의사들은 헨리의 해마와 편도체, 뇌 양쪽 측두엽 피질의 몇몇 부분을 제거했다. 수술로 발작은 줄었지만 헨리에게는 이상한 기억 장애가 남았다. 더 이상 새로운 기억을 만들지 못하게 된 것이다. 수술 이전에 있었던 일들은 기억할 수 있었지만, 남은 평생 동안 새로운 기억은 만들지 못했으니 그에게는 시간이 멈춰버린 것이나 다름없었다.*

몰레이슨은 새로운 사실, 사람들, 사건들은 기억하지 못했지만, 새로운 동작 기술은 배울 수 있었다. 예를 들어 그는 '거울 그림 그리기'[28] 능력은 유지할 수 있었는데, 그 과제를 하는 방법을 어떻게 익혔는지는 기억하지 못했다. 이 실험과 또 다른 실험들을 통해 서술기억(사실, 사건, 날짜 등)과 절차기억(기술 등)이 뇌의 서로 다른 부분들에 저장된다는 것이 밝혀졌다.

몰레이슨은 2008년 12월 2일에 사망했고, 1년 하고 이틀 뒤 캘리포니아대학 샌디에이고의 연구자들이 그의 뇌를 얇은 절편으

28) mirror draw: 거울에 비친 그림을 그리는 자신의 손과 종이만 보면서 도형이나 형태를 그리는 테스트로, 시각과 동작의 협응, 운동 계획 및 미세 운동 능력을 측정하는 심리 검사 방법—옮긴이.

로 잘랐다.* 몰레이슨의 전체 뇌 지도는 브레인 옵저버토리Brain Observatory에서 온라인으로 볼 수 있다.**

더 찾아보기: 피니어스 게이지, 해마, 브렌다 밀너

Multiple Sclerosis 다발성경화증

뉴런의 말이집 손상으로 생기는 신경 질환. 말이집은 뉴런을 절연하여 축삭돌기를 따라 이동하는 전기 신호의 전도 속도를 높여주는 지방질의 물질이다. 다발성경화증은 환자의 면역계가 자신의 몸을 공격하는 자가 면역 질환으로, 중추신경계의 말이집을 공격하고 그 결과 염증과 손상을 일으켜 뉴런 내부의 정보 이동을 방해한다.

환경 요인과 유전 요인이 다발성경화증의 원인으로 추정되지만, 정확한 원인은 아직 밝혀지지 않았다. 다발성경화증이 있는 사람들은 통증, 피로, 손발의 마비나 따끔거림, 걷기와 균형 유지의 어려움, 인지 변화, 시각 문제 등을 경험할 수 있다. 어떤 사람들은 증상이 지속적으로 악화되는가 하면, 어떤 사람들에게는 증상이 나타났다 사라지기를 반복한다. 다발성경화증을 진단하기 위해서는 MRI로 뇌와 척수의 말이집 손상을 살펴보아야 한다. 신경전도검사를 통해 뉴런들이 전기 신호를 얼마나 잘 전도하는지 알아보는 방법도 있다. 때로는 요추천자를 실시해 뇌척수액 샘플을 뽑아 염증 세포가 존재하는지 확인하기도 한다.

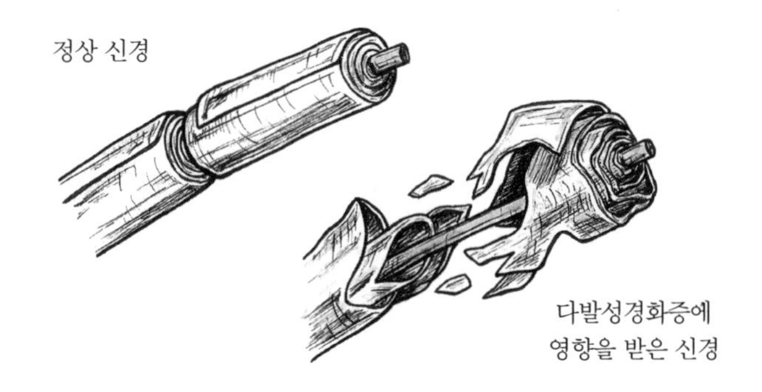

스테로이드, 면역억제제, 인터페론 약물이 다발성경화증의 몇몇 증상을 치료하는 데 도움이 되기도 하지만, 지금까지 이 병 자체를 완치하는 치료법은 존재하지 않는다.

더 찾아보기: 활동전위, 뇌척수액, 자기공명영상, 말이집

Mushrooms, Hallucinogenic 환각 버섯

시각, 소리, 맛, 촉각, 냄새의 지각을 왜곡할 수 있는 정신 작용 성분이 들어 있는 유형의 균류. 어떤 버섯은 피자나 스파게티 소스에 넣으면 맛이 아주 좋지만, 또 어떤 버섯들에는 환각을 일으키고 사람들을 자기 정신 속에서 '다른 세상으로 보내버리는' 화학물질이 들어 있다.

환각을 유발하는 버섯은 수세기에 걸쳐 세계 도처에서 종교적 용도나 기분 전환 용도로 사용되어왔다. 가장 주요한 두 종류는

실로시빈(실로신) 버섯*Psilocybin(psilocin)*과 광대버섯*Amanita muscaria*이다. 환각버섯속*Psilocybe*, 독청버섯속*Stropharia*, 종버섯속*Conocybe*, 말똥버섯속*Panaeolus*에 속하는 버섯 중 일부는 실로시빈과 실로신이라는 화학물질을 함유하고 있다. 이 물질들이 들어 있는 버섯을 섭취하면 30~60분 후에 환시와 환청이 시작되어 4시간 정도 지속된다. 실로시빈과 실로신은 화학 구조가 신경전달물질 세로토닌과 유사하다. 뇌에서 이 물질들은 세로토닌 수용체에 작용하여 뉴런이 세로토닌을 재흡수하는 것을 방해한다. 실로시빈과 실로신은 이런 식으로 세로토닌 신경전달물질계를 사용하는 뉴런의 활동을 촉진한다.

파리를 끌어들여 죽이는 능력이 있어 '파리 버섯'fly agaric이라고도 불리는 광대버섯에는 무시몰과 이보텐산이 함유되어 있다. 이 버섯은 섭취 후 30~90분이 지나면 환각과 이상행복감을 유발하고, 행동에 영향을 미치는 강렬한 효과는 2~3시간 지속된다. 무시몰은 뉴런의 가바 수용체를 자극하여 가바 신경전달물질계에 작용한다. 가바계는 억제성을 띠기 때문에 무시몰은 뇌 속 뉴런들의 활동을 감소시킨다. 이보텐산은 뉴런의 글루타메이트 수용체에 작용하며, 무시몰로 변환될 수도 있다.

환각 버섯을 찾으려 하는 아마추어 균학자들은 치명적인 독버섯들이 그들이 소중히 여기는 환각 버섯들과 비슷해 보이기 때문에 버섯을 채취할 때 아주 조심해야 한다. 미국에서는 실로시빈이

그저 맛 좋은 버섯일지도 모르지만,
강렬한 환각이나 치명적인 중독을 유발할지도 모른다.

나 실로신이 있는 버섯은 스케줄 I 마약으로 분류하고 있으므로,*
이 버섯들을 소지하거나 판매하거나 수송하거나 재배하는 것은
불법이다. 그러나 이 버섯들의 소유를 범죄 항목에서 제외한 주들
도 일부 있다. 광대버섯은 미국 전역에서 루이지애나주를 제외하
고 모두 불법화되어 있다.

더 찾아보기: 가바, 리세르그산 디에틸아미드, 신경전달물질, 세로토닌

Myelin 말이집

뉴런의 축삭돌기를 감싸고 있는 지방질. 신경세포는 전기 신호(활동전위)를 사용해 축삭돌기를 따라 정보를 전달한다. 축삭돌기가 말이집으로 감싸여 절연되어 있으면 전기 신호의 전도 속도가 더 빨라진다. 말이집은 축삭돌기를 감싸 축삭 내부의 전류가 더 빨리 흐르도록 돕는다. 호스에서 물이 새는 부분을 테이프로 감아두면 물살이 더 빨라지는 것과 같은 이치다.

중추신경계(뇌와 척수)에서는 희소돌기아교세포라는 교세포가 말이집을 만들고 말초신경계에서는 슈반세포라는 교세포가 만든다. 말이집은 축삭돌기의 각 구역을 0.2~2밀리미터 정도의 틈을 두고 감싸는데, 이 틈을 랑비에 결절node of Ranvier이라고 한다. 활동전위는 한 결절에서 다음 결절로 '점프'하여 이동하는데, 이 과정을 도약전도라고 한다. 말이집이 없는 축삭돌기보다 말이집으로 감싸인 축삭돌기에서 활동전위의 전도 속도가 더 빠른 것은 바로 이 도약전도 덕분이다.

유전 질환이나 염증, 바이러스가 말이집을 손상시킬 수 있으며, 이럴 경우 다발성경화증, 길랑바레 증후군, 말초신경병증 같은 신경 질환과 관련된 감각, 운동 및 인지 문제가 생길 수 있다.

더 찾아보기: 교세포, 다발성 경화증, 뉴런, 도약전도

N

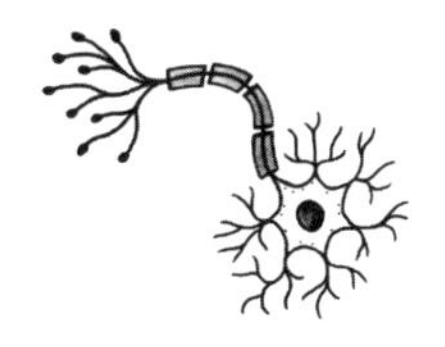

성인의 뇌에는 약 860억 개의 뉴런이 있고,
척수와 말초신경계에도
수십억 개의 뉴런이 더 있다.

Narcolepsy 기면증

수면의 시작과 수면 주기를 교란하는 신경 장애. 코미디언이자 심야 토크쇼 진행자 지미 키멜Jimmy Kimmel, 1967~은 낮 동안 계속 깨어 있는 것을 어려워한다.* 그는 회의 중에, 운전하다가, 심지어 자기가 진행하는 토크쇼 도중에도 잠드는 것으로 알려져 있다. 기면증이 있는 다른 사람들과 마찬가지로 키멜 역시 종일 강력한 졸음과 싸운다. 키멜은 그렇지 않지만, 다른 기면증 환자 중에는 갑자기 근육 긴장이 풀려 쓰러지는 탈력발작이 동반되는 이들도 있다. 또 어떤 이들은 잠에서 깬 직후나 잠들기 직전에 팔다리를 움직일 수 없는 수면마비(가위눌림)에 시달리기도 한다. 잠들기 직전에 환시, 환청, 환촉을 경험하는 환자들도 있다.

기면증 환자들은 밤낮과 장소를 가리지 않고
갑작스럽게 잠들곤 한다.

기면증은 깨어 있는 상태에서 급속안구운동수면(REM)이 돌발적으로 시작될 때 발생하는 것으로 보인다. 기면증의 원인은 밝혀지지 않았지만, 가족의 내력으로 이어지기 때문에 유전 요인이 있을 것으로 추정된다. 기면증의 유전적 소인이 있는 사람은 감염 같은 특정 환경적 촉발 계기에 노출되었을 때 이 병이 생길 가능성이 크다. 탈력발작이 동반되는 기면증은 뇌에 히포크레틴이 부족한 것과 관련이 있다고 여겨진다. 히포크레틴은 시상하부에서 만들어져 수면과 각성, 식욕에 관여하는 신경펩타이드다.

중추신경 각성제와 항우울제 같은 약물로 기면증의 몇몇 증상을 통제할 수 있다. 프로비질(모다피닐)은 식약처 승인을 받은 각성제로 지미 키멜을 비롯해 기면증에 시달리는 사람들이 졸음을 물리치는 데 사용하고 있다. 짧은 낮잠, 규칙적인 수면 스케줄 유지, 잠자기 전 알코올이나 카페인 섭취량 줄이기 등의 좋은 수면 습관도 기면증이 있는 사람들에게 유익하다.

더 찾아보기: 신경전달물질, 수면

Nerve Agent 신경작용제

신경계의 정상적 기능을 방해하는 화학물질. 무기로 사용할 수 있다. 원래 살충제로 개발된 신경작용제는 테러단체뿐 아니라 공식적인 정규 군대의 무기고에까지 침투했다.

사린sarin, 소만soman, VX, 타분tabun 같은 흔한 신경작용제들은 유기인산염 화학물질로 분류된다. 이 물질들은 향이나 색이 거의 또는 전혀 없다. 신경작용제를 폭탄이나 미사일, 스프레이로 퍼뜨리면 피부로 흡수되거나 오염된 공기에 섞여 흡입된다. 기화된 신경작용제에 노출되면 몇 초 만에 증상이 나타날 수 있다.

신경작용제를 폭탄이나 미사일로 퍼뜨리면 피부로 흡수되거나 공기에 섞여 흡입된다.

신경작용제는 몸 안에서 신경전달물질 아세틸콜린의 작용에 변화를 일으킨다. 축삭말단에서 방출된 아세틸콜린 분자는 시냅스를 건너 다른 뉴런, 기관, 근육에 있는 수용체에 결합하여 작용한다. 아세틸콜린 분자를 분해하여 아세틸콜린의 작용을 멈추는 아세틸콜린에스터레이스라는 효소가 있다. 신경작용제는 아세틸콜린에스터레이스를 비활성화하므로, 신경작용제에 노출된 아세틸콜린은 아무 제지 없이 활동을 이어간다. 아세틸콜린계가 과활성화되면 마비, 메스꺼움, 호흡곤란, 구토, 침 흘림, 뇌사, 사망 등의 다양한 증상이 나타난다.

신경작용제에 노출된 사람들은 아트로핀이나 프랄리독심염화물 같은 약으로 치료할 수 있다. 아트로핀은 아세틸콜린 수용체를 차단하고, 프랄리독심은 신경작용제가 아세틸콜린에스터레이스에 작용하지 못하게 차단한다. 이렇게 두 약 모두 아세틸콜린의 신경전달을 정상화한다.

화학무기금지협약으로 많은 나라에서 신경작용제의 생산 및 비축, 사용이 금지되기는 했지만* 여전히 처리를 기다리는 이 독성물질은 수천 톤이나 남아 있다.

Neuroethics 신경윤리학

뇌 연구로 제기된 윤리적 사안들을 중점적으로 연구하는 분야. 신경윤리학은 뇌에 대한 지식의 발전이 개인과 사회에 어떤 영향을 주는지 이해하고자 노력한다. 뇌 연구는 정신 질환 및 신경 질환이 있는 사람들을 위한 약물과 치료법을 개발함으로써 수많은 사람의 삶을 개선했지만, 뇌 연구를 어떻게 수행해야 하며 실험 데이터는 어떻게 사용해야 하는지를 두고 아직 중요한 질문들이 남아 있다.

신경과학의 발전은 잠재적으로 사람들의 삶에 문제를 초래할 가능성이 있기 때문에 모든 사람이 신경윤리학에 관심을 갖는 것이 좋다. 예를 들어 현재 과학자들과 공학자들은 신경계와 기계를 연결하는 뇌-컴퓨터 인터페이스와 뇌 심부 자극술 같은 새로운 신경기술들을 구축하고 있다. 이런 기술들의 안전성과 잠재적 부작용이 언제나 명확히 밝혀져 있는 것은 아니다. 미국에서 의료적 용도로 사용되는 신경기술은 미국 식품의약국의 규정을 준수해야만 하고, 안전하고 효과가 있음을 입증해야 한다. 하지만 상용 뇌전도 측정기나 경두개직류전기자극기[29]처럼 소비자가 직접 구입할 수 있는 신경기기들은 의료기기로 분류되지 않고 식품의약국

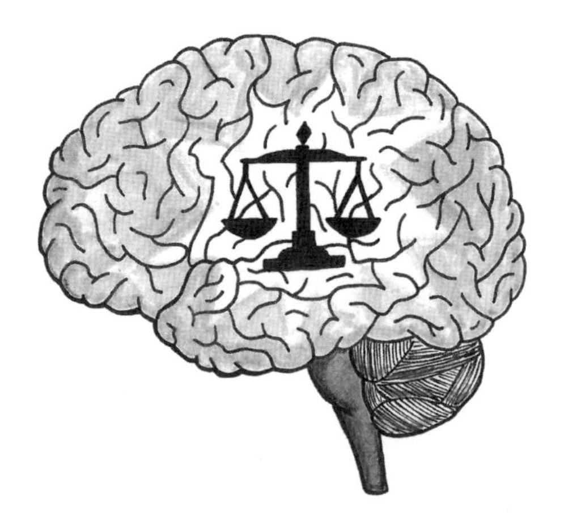

신경과학은 한 사람의 정체성을 변화시킬 가능성을 지니고 있다.

29) transcranial direct current stimulation units: 두 개 이상의 전극으로 두피에 약한 직류 전기 자극을 가하는 기계—옮긴이.

의 관리 범위에도 포함되지 않는다.*

의도치 않게 이런 장비들에 문제가 생기거나, 의도적이고 악의적으로 그 기능을 변경하는 일이 생기지 않도록 신경기술의 보안을 철저히 지켜야 한다. 나아가 신경과학 연구 중 확보한 데이터는 개인의 신원을 보호하고, 개인적 녹음을 비자발적으로 공개하거나 금전적 이득을 위해 타인의 정보를 허락 없이 유출하는 일을 막기 위해 기밀로 유지해야 한다.

또 다른 신경윤리학적 사안들은 책임, 정의, 신원 변화에 초점을 맞춘다. 신경과학자와 신경공학자가 만든 기기나 약물이 더 이상 제 기능을 못할 때가 올 수 있다. 이런 혁신적 제품들이 잘못되었을 때 그 결과나 기기 유지의 책임은 누가 져야 하는지 분명하지 않다. 또한 과학 연구에는 매우 큰 비용이 들어간다. 그런데 과학 분야의 자금 조달에 관한 결정은 누가 내릴 것인지, 그 결과로 만들어진 제품에 접근할 수 있는 것은 누구일지 역시 분명하지 않다. 만약 그 치료가 아주 비싸다면 혜택을 얻는 사람들과 그렇지 못한 사람들로 사회가 분열될 수도 있다.

마지막으로 신경과학 연구는 한 사람의 개인적 정체성을 변화시킬 가능성을 지니고 있다. 신경기술들과 신경작용 약물은 기억·기분·성격을 바꿀 수 있고, 이는 사람들이 자신을 보는 시각, 다른 사람들이 이 기기 또는 약물을 사용하는 사람들을 보는 시각을 바꿀 수도 있다.

뇌 연구자들은 신경계의 기능과 상호작용하고 그 기능을 변화시킬 새로운 기술들을 계속해서 개발하겠지만, 그 발견들을 사용할지 사용한다면 어떻게 해야 사회에 이로울 것인지에 대해서는 앞으로 논의가 더 필요하다.

더 찾아보기: 브레인 이니셔티브

Neuron 뉴런

신경계에서 정보를 전달하는 일에 특화된 신경세포. 뉴런은 전기·화학적 메시지를 사용하여 다른 뉴런, 근육, 신체 기관, 분비샘과 의사소통한다. 성인의 뇌에는 약 860억 개의 뉴런이 있고,* 척수와 말초신경계에도 수십억 개의 뉴런이 더 있다.

뉴런의 형태와 크기는 다양하지만 기본 구조는 모두 같다. 각 뉴런에는 다른 뉴런에서 정보를 받아 뉴런의 세포체로 전기 신호를 전달하는 가지돌기가 있다. 세포체의 지름은 가장 작은 뉴런들이 4미크론, 큰 뉴런들은 100미크론이다. 뉴런의 세포체에는 핵, 핵소체(인), 니슬소체, 소포체, 리보솜, 골지체, 미토콘드리아 등 다른 세포들과 같은 세포 소기관이 많이 들어 있다.

또한 뉴런에는 구조적 지지물이자 뉴런 내부에서 물질들을 이동시키는 데 사용하는 미세섬유와 신경소관도 있다. 세포체는 축삭돌기와 연결되어 있고, 축삭돌기는 정보를 세포체로부터 축삭말단으로 실어나른다. 축삭돌기는 아주 긴 것도 있어서 척수에 있

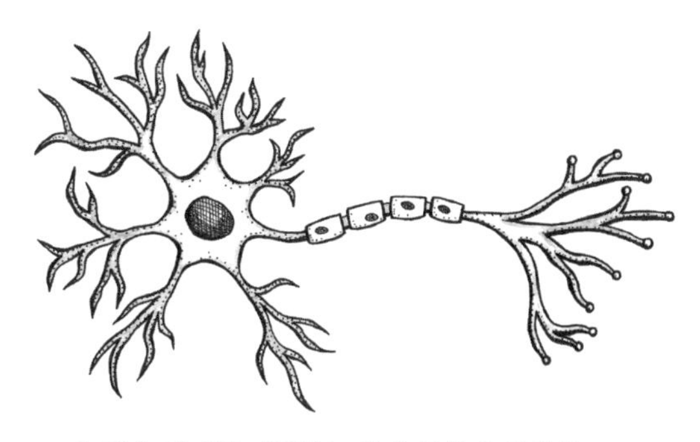

뉴런은 정보를 전달하는 일에 특화된 신경세포로
1미터까지 뻗어나갈 수 있다.

는 어떤 뉴런은 축삭돌기가 발에 있는 근육까지 1미터나 뻗어나갈 수 있다.

메시지는 축삭돌기를 따라 활동전위라 불리는 전기 신호로 신속히 전송된다. 어떤 축삭돌기는 활동전위의 속도를 더 높여주는 말이집에 감싸여 있다. 활동전위가 축삭돌기 끝에 있는 말단에 도착하면, 신경전달물질이라는 화학물질이 뉴런과 뉴런 사이 틈새(시냅스)로 분비되고, 이 물질은 종류에 따라 또 다른 세포의 활동을 증가시키거나 감소시킨다. 정보는 가지돌기에서 세포체, 축삭돌기, 축삭말단의 순서로 한 방향으로만 흐른다.

뉴런은 세포체에서 뻗어 나가는 가지돌기와 축삭돌기의 수로 분류할 수 있다. 양극성 뉴런은 세포체에서 하나의 가지돌기와 하나의 축삭만 뻗어 있다. 위단극성pseudounipolar 뉴런은 세포체에서 뻗어 나가는 돌기가 하나이지만, 이 하나의 돌기가 다시 둘로 갈라져 한쪽은 척수 쪽으로 향하고 다른 쪽은 피부나 근육으로 간다. 다극성 뉴런의 세포체에는 여러 개의 가지돌기가 붙어 있지만, 축삭돌기는 여전히 하나뿐이다.

뉴런을 분류하는 또 한 방법은 정보를 전달하는 방향으로 나누는 것이다. 감각뉴런들은 피부, 눈, 코, 혀, 귀에서 받은 정보를 뇌나 척수로 보내며 운동뉴런은 뇌와 척수에서 받은 정보를 근육이나 분비샘으로 보낸다. 연합뉴런은 뇌의 한 영역에 있는 뉴런과 감각뉴런 및 운동뉴런 사이의 의사소통을 담당한다.

뉴런은 몸에서 가장 오래된 세포들이다. 사람이 태어날 때부터 갖고 있던 뉴런 중 다수가 평생을 그 사람과 함께하기 때문이다.

더 찾아보기: 활동전위, 축삭돌기, 세포체, 가지돌기, 교세포, 말이집, 신경전달물질, 시냅스

Neuroplasticity 신경가소성

신경 경로를 재조직할 수 있는 신경계의 능력. 뇌에서는 유전 요인과 환경 요인에 반응하여 한 사람의 평생에 걸쳐 변화가 일어난다. 이 변화들을 통해 사람은 새로운 정보를 학습하고 기억할 수 있으며 신경 회로에 생긴 손상을 복구할 수 있다.

신경가소성은 특히 미성숙한 뇌가 감각 정보를 처리하기 시작하는 정상적인 뇌 발달기에 특히 뚜렷이 드러난다. 유전 부호가

제공한 청사진에 따라 뉴런은 감각 수용체와 특정 뇌 영역을 적절하게 연결하는데, 수천 개의 시냅스 연결은 이런 과정을 통해 만들어진다. 사실 뇌가 발달하는 처음 몇 년 동안에는 필요 이상으로 많은 연결이 만들어진다. 한 유기체가 환경과 상호작용하는 동안 사용되는 시냅스의 연결은 더욱 강해지고 사용되지 않는 연결들은 가지치기되어 사라진다. 시냅스 가지치기는 신경 경로의 형태를 바꾸고 다듬는 과정으로, 사용되지 않는 뉴런들은 이 과정에서 제거된다. 이것이 뇌가 환경에 적응하는 메커니즘이다. 약물이나 부상 또는 질병에 노출되면 이 정상적인 발달 과정에 지장이 생길 수 있다.

학습하고 새로운 기억을 형성하는 우리의 능력에도 뉴런들 사이의 시냅스 연결을 수정하는 신경가소적 변화가 관여한다.* 행동을 반복하고 강화하면 시냅스들의 구조적 변화와 생화학적 변화가 일어나 뉴런들 사이의 연결이 더 강해지기 때문이다. 뇌에 손상이 생긴 뒤에는 뇌 경로들의 재배선도 일어난다. 예를 들어 뇌졸중이 일어난 후에는 손상된 영역의 기능을 이웃한 뇌 구역의 뉴런들이 넘겨받는 식으로 뇌가 재배선될 수 있다.

신경가소성과 연관된 요인들을 더 잘 이해하게 되면, 외상에 의한 뇌 손상과 신경퇴행성 질환에 대한 새로운 치료법을 찾을 수 있으리라는 희망이 있다. 이런 신경가소적 치료들은 뇌가 새로운 경로들을 만들어 손상을 복구하는 방향으로 뇌의 배선을 수정하는 방식이 될 것이다.

더 찾아보기: 뇌 발달, 뇌졸중, 시냅스

Neurotoxin 신경독소

신경계의 구조와 기능을 교란할 수 있는 합성 또는 천연 물질. 신경독소에는 다양한 화학물질이 있으며 여기에는 일부 살충제와 농약도 포함된다. 일부 곤충과 연체동물, 전갈, 거미, 뱀 등의 독, 그리고 몇몇 물고기, 양서류, 식물에 있는 화학물질에도 신경독소가 포함되어 있다. 일부 화학 원소들, 특히 납과 수은도 신경독으

일부 곤충과 연체동물, 전갈, 거미, 뱀,
양서류에는 신경독소가 포함되어 있다.

로 분류된다.

신경독소들은 종류에 따라 각자 다른 방식으로 뉴런에 작용한다. 어떤 것은 특정 신경전달물질의 수용체를 차단하고, 신경전달물질의 분비를 촉진하는 것도 있다. 그리고 많은 신경독소가 뉴런의 이온 통로가 열리는 것을 막고, 그럼으로써 활동전위의 생성을 방해한다.

신경독소는 피하는 것이 상책인데도 일부러 그런 물질에 자신을 노출시키는 사람들도 있다. 예를 들어 복어는 동아시아에서 맛있는 별미로 여겨진다. 복어에는 소듐 통로에 독성을 가해 활동전위의 생성을 방해하는 신경독소인 테트로도톡신이 있다. 복어의 테트로도톡신을 극소량 먹으면 입술과 입 주위에 약간의 따끔거림이나 마비된 느낌이 생길 수 있지만, 그 이상 섭취하면 목숨을 잃을 수도 있다. 보톡스에 들어 있는 보툴리눔 독소 역시 사람들이 의도적으로 사용하는 신경독소다. 근육에 보톡스를 주사하면 신경전달물질 아세틸콜린의 분비가 차단되는데, 이 작용이 주름을 펴주고 근육 경련을 완화한다.

더 찾아보기: 활동전위, 납, 오토 뢰비, 수은, 신경작용제

Neurotransmitters 신경전달물질

한 뉴런이 다른 뉴런이나 근육 또는 분비샘과 의사소통하도록 시냅스를 건너 정보를 전달하는 화학적 메신저. 1.4킬로그램의 성

인 뇌에는 뉴런이 다른 세포들과 의사소통할 수 있게 해주는 화학물질이 200가지 이상 존재한다. 뇌는 감각·행동·감정을 담당하는 이 화학적 메신저들이 특별 재료로 들어 있는 수프라고 볼 수 있다.

아세틸콜린, 도파민, 세로토닌 같은 몇몇 신경전달물질은 뉴런의 시냅스 말단에서 합성되지만, 신경자극성 펩타이드처럼 뉴런의 세포체에서 만들어진 다음 시냅스 말단으로 수송되는 신경전달물질도 있다. 어디에서 만들어지든 상관없이 신경전달물질이라는 이 화학물질들은 축삭 말단의 시냅스 소포라는 작은 주머니에 저장된다. 전기 자극(활동전위)이 축삭돌기를 따라 시냅스 쪽으로 이동하면 신경전달물질이 담겨 있는 소포들은 그 신호를 받아 막 쪽으로 이동한다. 그러면 소포의 막과 축삭 말단의 막이 합쳐지면서 소포 속에 들어 있던 신경전달물질들이 시냅스 틈새로 방출된다.

신경전달물질 분자들은 시냅스 틈새를 건너 시냅스 건너편에 있는 수용체의 결합 위치에 부착된다. 열쇠와 자물쇠가 그렇듯, 신경전달물질도 수용체와 결합하려면 결합 위치에 꼭 맞는 모양이어야만 한다. 수용체가 신경전달물질에 어떻게 반응하느냐에 따라 신호를 전달받는 세포는 자체의 활동전위를 발화할 가능성이 더 커지거나(흥분) 더 작아진다(억제). 신호를 받는 세포에는 시냅스가 수천 개 있을 수 있고, 세포는 그 시냅스들에서 받은 모든 흥분

신호와 억제 신호의 합계를 내야 한다. 이때 신호를 받는 세포에서 흥분의 양이 일정한 문턱값을 넘어서면 활동전위가 발화한다.

신경전달물질의 활동을 멈추는 방식에는 몇 가지가 있다. 첫째, 신경전달물질이 단순히 수용체 부위에서 멀어지면 활동할 수 없게 된다. 둘째, 효소들이 신경전달물질의 물리적 구조를 바꾸어 신경전달물질이 더 이상 수용체 부위에 들어맞지 않게 한다. 셋째, 교세포, 특히 별세포가 시냅스 틈새에서 신경전달물질을 제거한다. 마지막으로 신경전달물질 분자들이 재흡수 과정을 통해 원래 방출되었던 축삭말단으로 회수되어 시냅스 틈새에서 제거될 때도 신경전달물질의 활동이 멈춘다.

일산화질소와 일산화탄소는 신경전달물질로 작용하는 두 가지 기체다. 이 기체들은 시냅스 소포에 저장되지 않고 뉴런에서 바로 빠져나가 확산된다. 그런 다음 다른 세포로 들어가 거기서 뉴런의 활동을 조절한다.

더 찾아보기: 활동전위, 도파민, 가바, 교세포, 뉴런, 신경독소, 세로토닌, 시냅스

Nicotine 니코틴

담배 같은 식물에 들어 있는 중추신경계와 말초신경계 각성제. 니코틴은 신경전달물질 아세틸콜린을 사용하는 뉴런의 수용체에 결합하여 작용한다. 더 구체적으로 말하자면, 니코틴은 니코틴성

니코틴은 담배 같은 식물에 들어 있는 각성제로
토마토·감자·가지·청고추에도 소량 함유되어 있다.

아세틸콜린 수용체를 활성화한다. 뇌의 여러 영역에서 이 수용체들이 활성화되면 도파민, 노르에피네프린, 세로토닌, 엔도르핀(내인성 모르핀) 같은 다른 신경전달물질들이 분비된다. 또한 니코틴은 말초신경계의 니코틴성 수용체들에도 작용한다. 적당량의 니코틴은 중추신경계와 말초신경계에 영향을 미쳐 말초혈관의 수축, 심박 증가, 혈압 상승, 주의력 증가 등을 초래한다.

니코틴은 쾌락의 느낌을 주는 뇌의 보상 회로도 활성화한다. 니코틴으로 보상 회로를 반복적으로 자극하면 도파민 같은 신경전달물질에 대한 뉴런의 감수성에 변화가 생긴다. 이는 니코틴 중독의 원인으로 니코틴을 얻지 못할 때 사람들이 느끼는 금단 증상의 근원이 되는 뇌의 변화를 일으킨다.

담배라는 식물에는 프랑스에 처음으로 담배를 수입한 프랑스 외교관 장 니코Jean Nicot, 1530~1600의 이름을 따서 '니코티아나 타바쿰'*Nicotiana tabacum*이라는 이름이 붙었다. 토마토·감자·가지·청고추에도 니코틴이 소량 함유되어 있다.

더 찾아보기: 도파민, 신경전달물질, 세로토닌

Nootropics 누트로픽

기억, 문제 해결, 주의, 창의성, 동기부여 같은 뇌 기능을 향상시키려는 의도의 물질들. 대부분의 사람은 기억력이 더 좋아지고 학습 속도가 더 빨라지기를 바란다. 머리 좋아지는 약 또는 인지강화제라고도 불리는 누트로픽은 사람들에게 앞의 능력들과 기타 정신적 능력들을 개선하는 정신적 조율을 제공한다고 홍보한다.

누트로픽은 뇌 대사를 촉진하고 뇌 혈류를 증가시키거나, 신경전달물질의 활동에 변화를 주거나, 뇌를 손상으로부터 보호함으로써 인지를 향상시키고자 한다. 몇몇 화학물질이 이런 방식들로 뇌에 영향을 줄 수도 있겠지만, 이런 제품들이 정신적 기능을 긍정적으로 개선하는지 조사한 연구들은 아직 결정적인 근거를 제시하지 못했다.* 그런데도 스포츠 드링크, 파워바, 건강보조식품을 생산하는 기업들은 페닐알라닌, 콜린, 타우린, 인삼 같은 약초나 화학물질을 제품에 첨가하면서 머리 좋아지는 약 사업에 뛰어들었다. 소비자들은 이런 제품에 혹하는지 모르지만, 그 제품들이 건강한 사람들에게 인지적으로 유익한 효과가 있다는 주장을 뒷받침할 증거는 거의 없다.

더 찾아보기: 신경전달물질

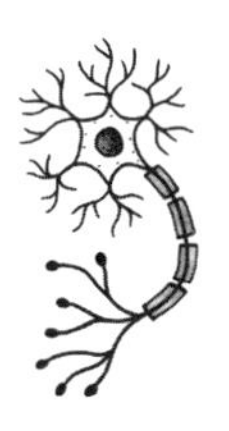

빛이 이 뉴런들을 때렸을 때
광민감성 이온 통로들이 열리고
이온들이 세포막을 통과해 흘렀다.

Occipital Lobe 후두엽

양쪽 대뇌반구에서 두정엽과 측두엽 뒤, 소뇌 위에 위치한 부분으로, 시각 정보 처리를 맡고 있다. 후두엽에는 눈에서 오는 정보를 처리하는 시각피질의 여러 영역이 있다. 이 영역들은 시각적 이미지의 다양한 양상들을 해독하는 일을 담당한다. 일차시각피질(V1 또는 17영역)은 시상의 외측슬상핵에서 정보를 받는다. 좌뇌의 일차시각피질은 오른쪽 시야에 관한 정보를, 우뇌의 일차 시각피질은 왼쪽 시야에 관한 정보를 받는다.

일차시각피질은 줄무늬가 나 있는 듯한 모양 때문에 종종 선조피질線條皮質이라고도 불린다. 일차시각피질의 뉴런들은 동작의 위치와 방향에 반응한다. 예를 들어 V1 뉴런은 특정 각도의 선이나 특정 방향으로 가는 움직임에 가장 잘 반응하도록 맞춰져 있다.

V1에서 처리된 정보는 후두엽의 다른 영역들(V2, V3, V4)과 측두엽으로 보내져 색깔과 형태 등 기타 복잡한 특징들이 파악된다. 후두엽의 모든 영역이 함께 협력하여 우리가 보는 것에 대한 최종적인 지각을 완성한다. 데이비드 허블David Hubel, 1926~2013과 토르스텐 비셀Torsten Wiesel, 1924~은 시각계에서 정보가 처리되는 방식에 관한 발견으로 1981년에 노벨 생리학·의학상을 수상했다.

더 찾아보기: 측두엽

Optogenetics 광유전학

빛과 유전학을 활용하여 신경세포의 활동을 통제하는 신경과학의 최신 기술. 광유전학 성공의 열쇠는 빛에 노출되면 이온 통로를 여는 단백질 옵신opsin이다.* 옵신은 종류에 따라 각자 민감한 빛의 파장이 달라 각자 다른 이온들을 세포막을 통해 이동시킨다. 과학자들은 옵신을 사용해 뉴런의 내부와 외부 사이 이온 교환을 일으켜 전기 메시지를 전달할 수 있을 거라 추론했다.

2000년대 초에 연구자들은 빛에 민감한 이온 통로 유전자가 있는 한 바이러스를 유전적으로 수정했다. 이 바이러스를 뇌에 주사하자 바이러스는 자신의 DNA를 뉴런의 DNA 속으로 집어넣었다. 이 새로운 DNA를 갖게 된 뉴런들은 세포막에 광민감성 이온 통로를 발현했다. 그 결과, 수술로 이식한 광섬유 장치로 쏜 빛이 이 뉴런들을 때렸을 때 광민감성 이온 통로들이 열리고 이온들이 세포막을 통과해 흘렀다. 예를 들어 빛이 소듐 이온 통로를 열리게 한다면, 소듐 이온이 뉴런 안으로 흘러들어와 탈분극화를 초래하고 활동전위를 일으키는 것이다. 또 다른 옵신을 사용하면 빛이 다른 이온(예컨대 염화 이온) 통로를 열게 해 활동전위의 발화를 억제할 수도 있다. 바이러스를 특정 유형의 통로와 뉴런에 맞춰 수정한 다음 뇌의 특정 장소에 주입하는 일도 가능하다.

광유전학은 단순히 실험 도구에 머물지 않고, 신경 질환의 치료에 혁명을 일으킬 잠재력을 지니고 있다. 언젠가는 특정 뉴런들을

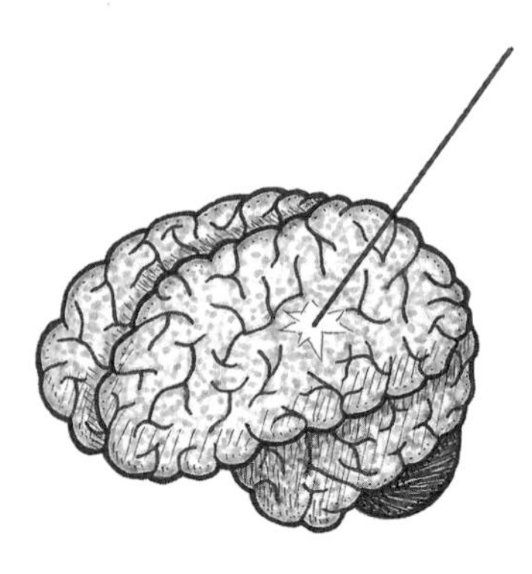

광유전학은 빛과 유전학을 활용한 신경과학의 최신 기술로
신경 질환의 혁명을 일으킬 잠재력이 있다.

활성화하는 표적화된 빛으로 알츠하이머병 환자들의 기억력을 향상하거나 파킨슨병 환자들의 동작 문제를 줄일 수도 있을 것이다.

더 찾아보기: 활동전위, 알츠하이머병, 파킨슨병

Ossicles 소골

중이에 있는 세 개의 작은 뼈. 한데 묶어 소골이라고 하는 등자뼈, 망치뼈, 모루뼈는 외이에서 온 음압파를 내이로 전달하는 일을 돕는다. 이 세 뼈는 관절로 연결되어 일종의 지렛대를 형성한다. 중이의 한쪽에는 고막이 인대로 망치뼈와 붙어 있다. 망치뼈는 모루뼈의 한쪽과 연결되어 있고 모루뼈의 다른 쪽은 등자뼈와 연결되어 있다. 마지막으로 등자뼈는 안뜰창에 붙어 있다.

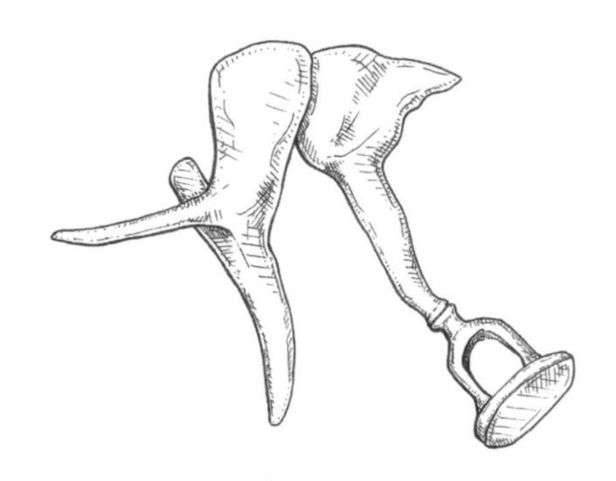

소골은 중이에 있는 세 개의 작은 뼈로
등자뼈·망치뼈·모루뼈로 연결되어 있다.

음압파가 외이에 들어오면 고막을 진동시키고, 이 진동에 소골들이 움직인다. 등자뼈가 움직이면서 안뜰창의 막을 진동시키고, 이는 달팽이관 속 액체를 움직이게 한다. 막과 지렛대의 이러한 구성이 음파를 내이로 전달하며, 내이에서는 음파가 뇌로 보낼 전기 신경 자극으로 변환된다.

퀴즈쇼에 나갈 때 알아두면 좋은 정보 하나. 등자뼈는 몸에서 가장 작은 뼈로 길이 약 2.8밀리미터에 높이 3.3밀리미터에 불과하다.*

더 찾아보기: 달팽이관

P

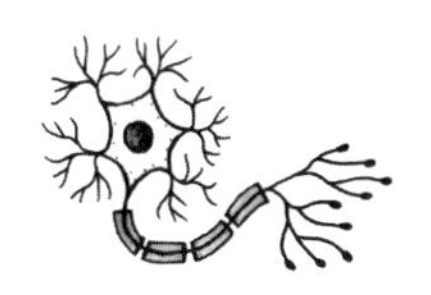

뇌에는 통각 수용기가 없기 때문에
수술 시 뇌를 건드려도
환자는 어떤 감각이나 통증도 느끼지 않는다.

Parietal Lobe 두정엽

양쪽 대뇌반구에서 전두엽 뒤, 측두엽 위, 후두엽 앞에 위치하는 부분. 피부에서 오는 감각 정보 처리와 공간 속 신체의 지각을 담당한다. 피부의 촉각, 압력, 온도, 통증에 반응하는 뉴런들이 있는 체감각피질이 두정엽에 있다. 체감각피질은 민감도가 더 높은 부분에 더 많은 뇌 조직이 할당되도록 구성된다. 예컨대 손가락과 손, 입, 얼굴은 모두 발가락과 발, 다리, 등보다 체감각피질에서 더 큰 영역을 차지한다.

Parkinson's Disease 파킨슨병

뇌의 도파민계에 손상이 생겨 발생하는 진행성 신경퇴행성 질환. 1817년에 제임스 파킨슨James Parkinson, 1755~1824은 자신이 '떨림 마비'shaking palsy라 칭한 어떤 병에 관해 기술했다. 불수의적 손 떨림, 근육 약화, 비정상적 자세, 느린 동작이 특징적인 병이었다.* 파킨슨의 기술 이후 이 병의 원인을 찾기까지 한 세기가 넘게 걸렸다.

파킨슨병이 있는 사람들에게는 네 가지 주요 증상이 나타난다. (1) 손발의 떨림이나 흔들림 (2) 경직과 근육의 뻣뻣함 (3) 느린 동작 (4) 균형과 자세의 불안정이다. 동작 문제에 더해 통증, 삼키기 어려움, 우울증, 수면 문제 같은 비운동성 증상이 나타나기도 한다.

파킨슨병의 정확한 원인은 알려지지 않았지만, 유전 요인과 환

파킨슨병 환자들의 뇌에서는 도파민을 만드는 뉴런들이 손상되어
사멸한다. 엘도파는 파킨슨병의 증상을 최소화하는 데 효과가 있다.
권투선수 무함마드 알리가 파킨슨병 진단을 받았다.

경 요인이 더해져 이 병을 일으킬 가능성이 크다. 파킨슨병 환자들의 뇌에 일어난 변화가 어떤 것인지는 잘 알려져 있는데, 바로 도파민을 만드는 뉴런들이 손상되어 사멸하는 것이다. 죽은 도파민 생산 뉴런의 수가 어느 정도를 넘어서면 파킨슨병 증상이 보이기 시작한다.

파킨슨병은 완치할 방법이 없기 때문에, 환자의 일상적 활동을 방해하는 증상들을 줄이는 일에 치료의 초점을 맞춘다. 도파민은 혈뇌장벽을 넘어가지 못하므로 단순히 도파민을 투여하는 것은 효과적인 치료법이 아니다. 하지만 도파민의 전구물질인 엘도파는 혈뇌장벽을 통과해 뇌로 들어가 도파민으로 전환된다. 엘도파는 파킨슨병의 진행을 멈추지는 못하지만, 여러 증상을 최소화하는 데는 대체로 효과가 있다. 뇌에서 도파민의 효과를 모방하거나 도파민이 천천히 분해되게 하는 다른 약물들도 파킨슨병 치료에 사용된다.

파킨슨병이 있는 사람 중 일부는 배우 마이클 J. 폭스Michael J. Fox, 1961~처럼 떨림을 줄이기 위해 시상 또는 창백핵의 작은 부분을 제거하는 뇌수술을 받기도 한다. 뇌에 전극을 삽입해 비정상적 동작을 통제하는 전기 신호를 전달하는 뇌 심부 자극술에서 좋은 효과를 얻는 환자들도 있다.

파킨슨병 진단을 받은 유명인으로는 권투선수 무함마드 알리1942~2016, 미국 전 대통령 조지 H.W. 부시1924~2018, 코미디언 빌리 코널리1942~, 가수 닐 다이아몬드1941~와 오지 오스본1948~, 린다 론스태트1946~, 배우 마이클 J. 폭스1961~와 앨런 알다1936~, 밥 호스킨스1942~2014, 제시 잭슨 목사1941~, 영화평론가 레너드 말틴1950~, 교황 요한 바오로 2세1920~2005, 미국 전 법무장관 재닛 레노1938~2016 등이 있다.

더 찾아보기: 혈뇌장벽, 도파민

Penfield, Wilder 와일더 펜필드

펜필드1891~1973는 뇌전증 및 기타 신경 질환 환자들을 치료하는 몇 가지 수술법을 개발한 미국 출신 캐나다 신경외과 의사. 프린스턴대학교 재학 시절, 펜필드는 학생으로서 강의실에서도, 풋볼선수로서 경기장에서도 두각을 나타냈다.

1915년에는 로즈 장학금을 받고 옥스퍼드대학교에서 찰스 스콧 셰링턴Charles Scott Sherrington, 1857~1952의 지도하에 연구를 시작했다.* 옥스퍼드에서 생리학 학사 학위를 받은 뒤 미국으로 돌아가 1918년에 존스홉킨스대학에서 의학 학위를 받았다. 펜필드는 뉴욕 장로회 병원에서, 이어서 캐나다 몬트리올의 맥길대학교에서 신경외과 의사로서 솜씨를 갈고닦았으며, 1934년에는 맥길대학교에서 몬트리올신경학연구소를 설립했다.

펜필드는 동료 의사들의 도움을 받아, 환자가 의식이 깨어 있는 상태에서 뇌를 수술하는 몬트리올 시술법을 개발했다. 이 수술은 국부 마취제로 두피를 마비시킨 채 머리를 열고 진행한다. 뇌에는 통각 수용기가 없기 때문에 수술 시 뇌를 건드려도 환자는 어떤 감각이나 통증도 느끼지 않는다. 펜필드는 전기로 뇌를 자극해 환자가 감각을 느끼거나 몸을 움직이게 했다. 그러면 환자는 그 결과로 나타난 감각을 묘사할 수 있었고 의사들은 뇌의 여러 다른 부위를 자극할 때 어떤 동작이 초래되는지를 볼 수 있었다. 이 수술법은 외과 의사들이 중요한 뇌 영역들을 식별하는 데 도움이 되었고, 종양이나 발작 유발 조직을 제거할 때 중요한 영역들을 손상시키지 않게 해주었다.

펜필드는 역사상 가장 위대한 신경외과 의사 중 한 사람으로 존경받으며, 1991년 캐나다에서는 그의 얼굴을 담은 우표를 발행해 그에게 경의를 표했다.

더 찾아보기: 뇌전증, 찰스 스콧 셰링턴

Phrenology 골상학

두개골의 특징들을 가지고 성격 특징과 정신적 능력을 밝혀내는 방법. 독일 출신 의사 프란츠 요제프 갈Franz Joseph Gall, 1758~1828은 뇌의 특정 영역들이 특정 행동 및 인지 기능들을 담당한다고 확신했다. 그에 따라 두개골의 형태가 뇌의 형태를 그대로 반영하며, 두개골에서 더 두드러지게 튀어나온 부분은 특정한 행동 특징을 전담하는 뇌 영역이 더 많다는 뜻이라고 추론했다. 갈은 이런

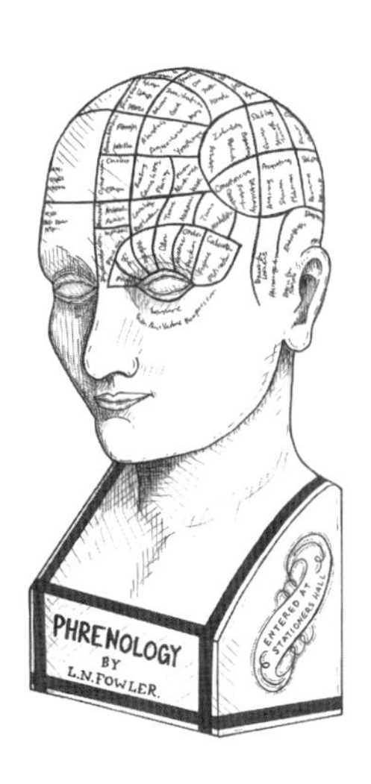

골상학은 두개골의 특징으로 성격의 특징과 정신적 능력을 밝혀낸다.

자신의 체계에 '두개골'과 '본다'는 뜻의 그리스어를 조합해 두개 검사craniοscopy라는 이름을 붙였다. 후에 그의 생각을 지지하던 사람들이 이 이름을 '정신 연구'를 뜻하는 'phrenology'로 바꿨다.

요한 가스파르 스푸르츠하임Johann Gaspar Spurzheim, 1776~1832과 조지 컴George Combe, 1788~1858 같은 사람들이 갈의 생각을 널리 퍼뜨렸다. 갈은 두개골 속 뇌 조직의 기능은 전혀 모르는 채로 두개골에 특정 행동들과 능력들의 위치를 할당했다. 우선 공통된 정신적 특징을 공유하는 것처럼 보이는 자기 친구들의 머리를 살펴보고는 그 특징들을 담당하는 영역들을 지정하여 자신만의 체계를 만들었다. 여기에 추가로 감옥에 수감된 범죄자들과 정신병원 환자들의 두개골도 살펴보고는 비정상적 행동이 차지하는 위치도 지정하며 체계를 더욱 정교화했다. 갈은 이런 관찰들을 기반으로 두개골 표면의 튀어나오거나 들어간 부분과 특정한 정신적 능력들을 연관지었다. 갈은 두개골에 26가지 특징을 할당했는데, 여기에 스푸르츠하임과 컴이 호전성, 비밀스러움, 희망, 경이 같은 특징들을 추가했다.

처음에 골상학은 과학자들과 종교지도자들에게 의심을 받았지만 대중에게는 상당한 관심을 받았다. 그러나 뇌에 관한 우리의 지식이 발달하면서 골상학에 대한 믿음은 완전히 사그라졌고, 골상학은 유사과학의 무덤에 던져졌다.

골상학이라는 허구 안에도 작은 과학적 사실의 알맹이 하나는 존재한다. 뇌의 영역들이 각자 정해진 기능을 담당한다고 본 갈의 기능 국재화局在化 개념은 옳았다. 또한 오늘날에도 서양권에서 널리 사용되는 언어 표현들에 골상학의 흔적이 남아 있다. 지식인이라는 뜻의 'highbrow'넓은 이마, 교양 없다는 뜻의 'lowbrow'좁은 이마, 정신이 이상하다는 뜻의 '머리를 검사해봐야 한다' 같은 표현은 모두 골상학에서 유래했다.

Positron Emission Tomography (PET)

양전자방출단층촬영

기능적 뇌 영상화 방법. PET 영상은 병을 진단하고 정상적인 신경 기능을 연구하기 위해 뇌 활동을 살펴볼 때 쓰인다. PET 영상을 얻으려면 촬영할 당사자가 먼저 방사성 표지를 한 포도당, 산소, 불소, 탄소 같은 방사성 물질을 삼키거나 주사하거나 흡입해야 한다. 이 방사성 물질은 혈류를 타고 뇌로 들어가 그 물질을 사용하는 뇌 영역에 모인다. 예를 들어 산소와 포도당은 대사가 활성화되어 있는 뇌 영역에 축적된다. 활동이 높은 뇌 영역이 더 많은 물질을 소비하므로 거기에 더 많은 방사능이 몰리는 것이다. 특정 신경전달물질 수용체에 달라붙은 방사성 물질을 사용해 정신질환을 연구할 수도 있다. 이 경우 특정 신경전달물질 수용체가 높은 밀도로 분포하는 뇌 영역에서 방사능 수치가 더 높다.

방사성 물질이 붕괴할 때 중성자 하나와 양전자 하나가 방출된다. 양전자가 전자와 부딪히면 둘 다 파괴되고, 감마선 광자 두 개가 방출된다. PET 촬영기에는 촬영 대상인 사람의 머리 주위에 감마선 감지기가 있으며 이 감지기가 뇌의 어느 영역에서 감마선이 방출되는지를 기록한다. 감마선이 방출되는 뇌 영역을 기록한다. 그런 다음 감마선의 위치를 재구성하면 뇌 활동의 그림을 얻을 수 있다.

뇌의 구조만 보여주는 CT나 MRI와 달리 PET는 뇌가 활동하는 모습을 기록해 보여준다. 그러므로 PET로는 사람이 특정한 과제를 수행할 때 뇌의 어느 부분이 활성화되는지 알아낼 수 있다. 하지만 PET는 비용이 아주 많이 들 뿐 아니라 방사성 물질을 준비할 특별한 연구실이 필요하다. 방사성 물질을 혈류에 주입한다는 생각에 경악하는 사람들도 있을지 모르지만, PET는 위험성을 최소화하기 위해 방사선의 용량은 최소한도로 유지하면서도 유용한 영상을 만드는 데 필수적인 정보를 제공해준다.

더 찾아보기: 컴퓨터 단층촬영, 자기공명영상, 신경전달물질

Prosopagnosia (Face Blindness) 안면인식장애

얼굴을 못 알아보는 것이 특징인 신경학적 질환. 초상화 화가인데도 친숙한 이들까지 포함해 사람의 얼굴을 전혀 알아보지 못하는 화가를 상상해보라. 화가 척 클로스Chuck Close, 1940~2021가 바로 그렇게 예술을 한 사람이다. 그의 걸작은 수백만 달러에 팔렸지만, 그는 자기가 그린 사람들의 얼굴을 알아보지 못했다.

안면인식장애는 단순히 만났던 사람의 이름을 기억하지 못하는 정도의 일이 아니다. 이 장애가 있는 사람들은 친숙한 사람의 얼굴도 잘 알아보지 못하며, 친구와 가족의 얼굴을 낯선 사람의 얼굴과 구분하지 못한다. 심지어 거울 속이나 사진 속의 자기 얼굴도 알아보지 못한다.

뇌졸중, 외상, 감염 등의 이유로 측두엽의 방추이랑fusiform gyrus

에 손상이 생기면 안면인식장애가 생길 수 있다.* 방추이랑은 얼굴 인식과 기억을 담당하는 신경 회로의 일부다. 선천적으로 안면인식장애를 갖고 태어나는 사람들도 있다.

얼굴을 알아보지 못하는 것을 극복하기 위해 이들은 옷이나 헤어스타일, 목소리, 걸음걸이 등으로 사람들을 알아보는 방법을 익힌다. 물론 사람들은 옷을 갈아입고 헤어스타일을 바꾸기도 하므로 그 방법이 언제나 통하는 것은 아니다.

더 찾아보기: 뇌졸중, 측두엽

R

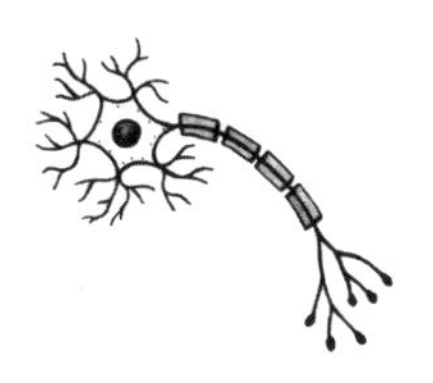

원뿔세포는 종류에 따라 각자
녹색, 적색, 청색 세 가지 색 중 한 가지 색에
가장 민감하기 때문에 색상을 보는 데 쓰인다.

Rabies 광견병

중추신경계를 감염시키는 바이러스가 초래하는 뇌 질환. '광견' 이라는 말을 들으면 누구나 공포와 공황에 사로잡힌다. 광견병에 걸린 개는 처음에는 대개 피곤해 보일 뿐이지만 점차 발열, 구토, 침 흘림('입에 거품을 문다'), 빛을 피하는 증상이 생긴다. 감염된 개는 그밖에 이상하고 예측할 수 없는 공격적 행동을 보이기도 하고, 물을 두려워하는 증상(공수병)이 나타나기도 한다. 광견병에 감염된 사람도 비슷한 행동을 보이는데, 일단 이런 증상들이 나타났다면 그 결과는 거의 항상 죽음이다. 이 환자들을 위해 해줄 수 있는 유일한 일은 가능한 한 편안하고 고통이 없게 해주는 것이다.

광견병 바이러스는 그 병에 걸린 동물에게 물리거나 긁힐 때

광견병 바이러스가 몸에 들어오면 신경을 타고
척수와 뇌로 올라가 염증과 부종을 초래한다.

전염된다. 사람에게 광견병을 전염시키는 것은 대부분 개지만, 박쥐, 너구리, 여우, 스컹크 등 포유동물은 모두 광견병 바이러스를 보유하고 있을 수 있다. 이 바이러스는 일단 몸에 들어오면 신경을 타고 척수와 뇌로 올라가고, 뇌에 도착하면 염증과 부종을 초래한다.

개들의 광견병을 예방하는 데는 백신이 매우 효과적이다. 사실 미국에서는 성공적인 동물 백신 프로그램으로 사실상 대부분의 인간 광견병이 사라졌다. 질병통제예방센터에 따르면 미국에서 한 해에 광견병에 걸리는 사람은 1~3명뿐이다. 안타깝게도 세계의 다른 지역들에서는 광견병이 더 흔하게 발생하며 해마다 5만 9,000명의 목숨을 앗아가는 것으로 추정된다.*

Ramón y Cajal, Santiago 산티아고 라몬 이 카할

카할1852~1934은 뉴런의 구조에 관한 토대를 놓은 연구로 현대 신경과학의 아버지라 불리는 스페인의 신경해부학자. 현대 신경과학의 아버지가 그렇게 반항아였으리라고 누가 생각이나 했을까? 스페인의 작은 마을에 살던 소년 시절, 라몬 이 카할은 그리 모범생이 아니었고 여러 학교를 옮겨 다녀야 했다. 열한 살 때는 집에서 만든 대포로 이웃집 대문을 망가뜨린 죄로 사흘을 감옥에서 지내기도 했다.**

1873년 의대를 졸업한 후에는 쿠바에 주둔한 스페인 군대의

현대 신경과학의 아버지로 불리는 라몬 이 카할은
뉴런들이 물리적으로 연결되어 있지 않고
서로 분리되어 있다는 가설을 세웠다.

군의관으로 복무했고, 쿠바에 있는 동안 말라리아와 이질에 걸렸다. 스페인에 돌아간 뒤로 그는 마드리드대학에서 공부하여 박사 학위를 받았다.

카할은 카밀로 골지의 '흑색 반응'에 관해 알게 되면서 신경계로 관심을 돌렸다. 흑색 반응은 어떤 종류의 뉴런이든 완전히 염색할 수 있는 기법이었고, 이 덕에 연구자들은 뉴런의 전체 구조를 관찰할 수 있게 되었다. 그는 골지의 기법을 개선해가며 신경 구조물들을 상세히 묘사했다. 세밀하게 관찰한 결과 그는 뉴런들이 물리적으로 연결되어 있지 않고 오히려 서로 분리되어 있다는 가설을 세웠다. 골지는 이 이론에 반대하면서 뉴런들은 그물 같은 형식으로 서로 연결되어 있다는 의견을 제시했다.* 이후 라몬 이 카할이 옳았다는 것이 밝혀졌지만, 1906년에 둘은 노벨 생리학·의학상을 공동으로 수상했다.

카할은 확실히 직업적으로도 개인적으로도 생산적인 삶을 살았다. 100편이 넘는 과학 논문을 발표했고, 노벨상을 받았으며, 화가와 사진가, 작가로서도 뛰어난 성취를 이루었다.** 그리고 아내 실베리아 파냐나스 가르시아Silveria Fañanís Garcia, 1854~1930와 사이에 일곱 자녀를 두었다.

Reflex 반사

의식적 통제 없이 자동적으로 일어나는 운동. 반사는 감각 자극에 대한 반응으로 일어나는 빠르고 일정하며 자동적인 움직임이다. 반사의 일차적 목적은 몸을 부상에서 보호하는 것이다. 회피반사는 손상을 입힐 수 있는 압박이나 온도로부터 피부를 보호하며, 동공반사는 밝은 빛에 의해 망막이 손상되는 것을 막고, 무릎반사는 균형과 자세 유지를 돕는다.

반사에 관여하는 뉴런 회로는 감각 수용기의 활성화로 시작된다. 활성화된 감각 수용기는 척수 혹은 뇌에 있는 뉴런들로 메시지를 보낸다. 이 척수나 뇌의 뉴런들은 다시 몸으로 신호를 보내 몸이 애초에 감각 수용기를 활성화했던 감각 사건에 반응하도록 한다. 이 전체 반응에는 의식적 사고가 전혀 개입하지 않는다.

대부분의 사람은 병원에 갔을 때 무릎반사 검사를 받은 적이 있을 것이다. 이 검사를 할 때는 작은 고무망치로 무릎 인대를 두드린다. 이 두드리는 동작은 대퇴사두근에 있는 근방추라고 하는 감각 수용기들을 늘어나게 한다. 그러면 근방추의 감각뉴런이 척수로 전기신호를 보내는데, 이 신호는 척수에 있는 시냅스를 통해 운동뉴런에 전해진다. 운동뉴런은 이에 반응하여 대퇴근에게 수축하여 다리를 앞으로 뻗으라는 신호를 보낸다. 동시에 운동뉴런은 다리가 앞으로 뻗는 동작을 방해하지 않도록 햄스트링(넙다리뒤근육)을 이완하라는 신호도 보낸다. 반응이 느리거나 없거나 과한 비정상적 반사는 그 뉴런 회로나 근육에 문제가 있음을 암시할 수도 있다.

Restless Legs Syndrome (RLS) 하지불안증후군

주로 앉아 있거나 누워 있을 때 다리를 움직이고 싶은 충동이 이는 신경계 장애. 자려고 누웠는데 다리가 불에 데인 듯 따갑거나 다리에 벌레가 기어다니는 느낌이 든다고 상상해보라. 이때 그 느낌을 없앨 유일한 방법은 다리를 움직이는 것뿐이다. 이는 인구의 5~15퍼센트가 겪는다는 하지불안증후군의 증상들이다. 하지불안증후군이 있는 사람들은 잠들기도 어렵고 잠들고 난 뒤에도 잘 깨기 때문에 종일 졸음에 시달리는 경우가 많다.

하지불안증후군의 정확한 원인은 밝혀지지 않았지만, 유전적 요인이 있는 것으로 추정된다. 하지불안증후군은 철분 수치가 낮은 사람이나 신장 질환, 당뇨병, 파킨슨병, 신경 질환이 있는 사람, 척수 부상을 입은 사람에게서 더 자주 생기므로 환경 요인이 원인일 가능성도 크다. 삼환계 항우울제와 항정신병약, 카페인은 증상을 악화시킬 수 있다.

파킨슨병 치료에 사용되는 약들이 때로 하지불안증후군 증상까지 완화하기도 한다. 예를 들어 뇌에서 도파민을 늘리는 엘도파 및 기타 약물은 파킨슨병의 떨림과 다른 증상들을 줄일 수 있는데, 이런 약들은 하지불안증후군 증상에도 효과가 있다. 항불안제, 아편제, 항경련제도 하지불안증후군 환자들의 수면을 개선하고 불쾌한 감각을 완화하며 다리의 움직임을 줄일 수 있다. 일부 환자들에게는 적당한 운동, 온욕, 마사지, 규칙적인 수면 습관도 도움이 된다.

더 찾아보기: 도파민, 신경전달물질, 파킨슨병

Retina 망막

신경절세포, 무축삭세포, 양극세포, 수평세포, 광수용체의 다섯 세포층으로 이루어진 눈의 가장 안쪽 층. 눈의 수정체와 각막은 망막에 광선의 초점이 잡히게 함으로써, 빛을 감지하는 막대세포와 원뿔세포라는 두 종류의 광수용체를 자극한다. 막대세포와 원뿔세포에는 빛의 특정 파장들을 흡수하는 광색소라는 분자가 있다. 빛은 이 광색소들의 형태를 변화시킴으로써 망막에서 뇌로 전기 신호가 전달되게 한다. 막대세포와 원뿔세포에서 나온 신호들은 둘 다 뇌로 가며, 그러면 뇌에서 외부 세계의 그림이 만들어진다. 사람의 망막에는 막대세포가 약 1억 2,000만 개, 원뿔세포가 약 600만 개 있다.

막대세포에 있는 광색소는 한 종류뿐인데 이 색소는 빛의 세기, 형태, 움직임의 변화에 가장 민감하다. 반면 원뿔세포는 막대세포

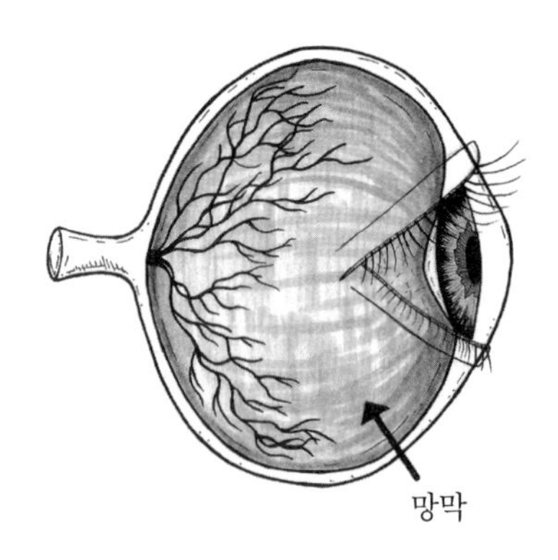

망막은 신경절세포, 무축삭세포, 양극세포, 수평세포, 광수용체의 다섯 세포층으로 이루어진 눈의 가장 안쪽 층이다.

만큼 빛에 민감하지 않아서 밝은 빛이 있어야 활동할 수 있다. 대신 원뿔세포는 종류에 따라 각자 녹색, 적색, 청색 세 색 중 한 가지 색에 가장 민감하기 때문에 색상을 보는 데 쓰인다. 망막 중심부인 중심오목에는 원뿔세포만 있고 막대세포는 없기 때문에 이 중심오목에서 가장 뚜렷한 시각이 만들어진다. 원뿔세포에 한 가지 이상의 광수용체가 결여된 사람들은 몇몇 색깔을 구별하는 것이 다른 사람들에 비해 더 어렵다. 이런 증상을 색맹이라 한다. 색맹은 남성의 약 8퍼센트, 여성의 약 0.5퍼센트에게 발생한다.

사람의 망막에 있는 광수용체들은 가시광선 스펙트럼(380~760나노미터)에 속하는 파장만을 감지하지만, 일부 새와 물고기, 나비에게는 자외선 범위(300~380나노미터)의 빛을 감지하는 광수용체가 있다.

더 찾아보기: 맹점

S

아이스크림 두통은 입천장의 혈관들이
아주 빠른 속도로 차가워질 때 생긴다.
이 혈관들은 신경망으로 둘러싸여 있다.

Saltatory Conduction 도약전도

뉴런의 축삭돌기를 따라 한 결절에서 다음 결절로 건너뛰는 활동전위의 이동. 교세포들은 축삭돌기를 감싸 절연하는 말이집을 형성하는데, 각 말이집은 축삭돌기의 일정 부분만을 감싸기 때문에, 이렇게 절연된 각 부분 사이에 작은 틈새가 남는다. 너비 0.2~2마이크로미터의 이 틈새를 랑비에 결절이라고 한다. 말이집이 감싼 축삭돌기에서는 오직 이 랑비에 결절에서만 소듐 이온과 포타슘 이온이 세포막을 뚫고 안팎으로 이동하며 활동전위를 만들어낸다. 이온들은 절연체인 말이집을 통과할 수 없기 때문이다. 활동전위는 각각의 결절에서 재생성되며, 이 전기 신호는 순식간에 한 결절에서 다음 결절로 건너뛰어 이어지며 축삭돌기를 따라 내려간다. 이 과정에는 도약이라는 뜻의 라틴어 'saltus'에서 파생된 명칭이 붙었다.

도약전도는 활동전위가 축삭돌기를 따라 신속히 이동하는 방법이다. 지름이 크고 말이집에 감싸인 축삭돌기는 빠르게는 시속 432킬로미터까지의 속도로 활동전위를 보낼 수 있는데, 말이집이 없는 축삭돌기에서 활동전위의 가장 빠른 이동속도는 1초에 2미터, 즉 시속 7.2킬로미터에 불과하다.

더 찾아보기: 활동전위, 축삭돌기, 교세포, 말이집

Schizophrenia 조현병

사고, 감정, 동작이 교란되는 정신 질환. '분열되다'skhizein와 '정신'phrenos이라는 그리스어를 합성하여 만든 정신분열증[30]이라는 병명은 이 병에 걸린 환자들이 현실 인식과 유리되는 측면을 묘사한다.

조현병에 걸린 사람에게는 망상이 생긴다. 다른 사람들이 자신의 행동을 통제할 수 있다고 믿는 식이다. 아무도 말하지 않는데 목소리가 들리거나, 실제로는 없는 빛이나 다른 물체가 보이는 것, 없는 냄새를 맡거나 아무 자극이 없는데 피부에서 어떤 감각을 느끼는 것 등의 환각도 조현병에서 흔히 나타나는 증상이다. 말하기에 문제가 생기거나 비정상적인 동작이 일어나는 이들도 있다. 위축되어 사회적 상호작용을 멀리하거나, 감정을 느끼지 못하거나, 행동의 동기가 감소하는 것처럼 정상적인 행동이 없어지는 것 역시 조현병의 신호일 수 있다.

조현병의 발병 위험을 높이는 요인은 다양하다. 유전이 상당한 역할을 할 수 있고, 실제로 가계에 내력으로 내려오기도 한다. 이란성 쌍둥이보다 일란성 쌍둥이에게서 둘 다 조현병이 발병하는 비율이 높음을 밝혀낸 쌍둥이 연구들도 유전적 관련성을 보여주

30) 환자에 대한 부정적인 편견을 막기 위해 2010년 '조현병'으로 병명을 개정했다—옮긴이.

는 증거다. 한 사람의 가족 환경, 사회적 상호작용, 감염, 그리고 초기 트라우마가 조현병에 원인을 제공하기도 한다.

조현병은 뇌의 구조 및 기능의 변화 그리고 신경전달물질 수치의 변화와 관련이 있다고 여겨진다. 또한 조현병 환자는 평균적으로 뇌실이 보통 사람보다 더 커져 있고, 대뇌피질의 두께는 더 얇아지고 축삭돌기의 말이집은 더 줄어들어 있다.* 뇌에서 도파민 신경전달물질계가 과활성화되는 것도 조현병 증상의 원인일 수 있음을 여러 연구가 보여주었고, 도파민을 차단하는 약물들이 조현병 증상을 줄여주는 것 역시 그 생각을 뒷받침한다. 'Schizophrenia'라는 단어는 스위스의 정신의학자 오이겐 블로일러Eugen Bleuler, 1857~1939가 1908년에 만들었다.**

더 찾아보기: 도파민, 신경전달물질, 뇌실

Serotonin 세로토닌

기분 조절, 기억, 통증, 수면, 소화 등 다양한 기능을 수행하는 신경전달물질. 인체의 세로토닌은 대부분 소화관 내막에 존재하는 세포들에서 발견된다.*** 장크롬친화세포라는 이 세포들은 소화 및 기타 위장 내 기능 조절을 돕는다. 뇌에서는 중간뇌에서 신경계의 여러 영역(대뇌피질, 시상, 소뇌, 숨뇌, 시상하부, 척수)으로 돌기를 뻗는 뉴런들이 세로토닌을 만든다.

세로토닌계를 표적으로 하는 약물들은 우울증, 공황장애, 강박

장애, 불안증 같은 신경·정신 질환의 치료에 좋은 효과를 증명했다. 예를 들어 선택적 세로토닌 재흡수 억제제SSRI라는 일부 항우울제들은 시냅스로 방출된 세로토닌이 축삭돌기 말단으로 재흡수되는 것을 선택적으로 차단하는데, 그럼으로써 세로토닌이 수용체에 결합해 다른 뉴런으로 메시지를 전달하기 쉽게 한다.

세로토닌은 일부 전갈, 거미, 곤충, 뱀, 성게, 말벌에서 발견되는 신경독소에도 함유되어 있다.* 세로토닌이 포함된 독을 주입하면 지독한 통증과 염증이 발생한다.

더 찾아보기: 뇌간, 신경독소, 신경전달물질, 베티 맥 트와로그

Sherrington, Charles Scott 찰스 스콧 셰링턴

신경생리학 분야를 개척한 영국 과학자. 셰링턴1857~1952은 엄정한 연구 방법과 혁신적 이론들로 신경계 연구에 변화를 몰고 왔을 뿐 아니라, 이후 신경외과학, 신경학, 신경과학 분야의 거물이 된 다수의 과학자와 의사를 교육한 헌신적인 스승이기도 했다.

셰링턴은 런던 성토머스병원에서 의학을 공부하고, 케임브리지대학의 곤빌 앤 키즈 칼리지에서 생리학도 공부했다. 그의 관심은 세균학에서 신경계로 옮겨갔다.** 1913년에 옥스퍼드대학의 교수가 된 그는 1936년 퇴임할 때까지 계속 그 대학에 남아 있었다.

셰링턴의 과학적 성취는 신경계에 대한 우리의 이해에 혁명을 일으켰다. 그는 감각 기능과 운동 기능이 척수에서 어떻게 통

합되는지 상세히 밝혀냈고, 억제가 뉴런의 기능에서 중요한 요소임을 보여주었으며, 뉴런들이 어떻게 회로를 형성하는지 기술했다. 1897년에 시냅스라는 단어를 만든 사람도 바로 셰링턴이다. 1904년에 예일대학교에서 한 10회의 강연 내용을 모아 1906년에는 『신경계의 통합 활동』*The Integrative Action of the Nervous System*을 출간했다.

셰링턴은 여러 상을 수상했고 1922년에는 조지 5세로부터 기사 작위를 서임받았다. 1932년에는 뉴런의 기능에 대한 연구로 에드가 더글러스 에이드리언Edgar Douglas Adrian, 1889~1977과 함께 노벨 생리학·의학상을 공동 수상했다.

더 찾아보기: 반사, 시냅스

Sleep 수면

신체 활동 감소와 감각 자극에 대한 반응 감소가 수반되는 의식 상태의 변화. 수면은 아무것도 하지 않는 시간처럼 보일지도 모르지만, 우리가 잠을 잘 때 뇌는 빈둥거리고 있는 게 아니다. 잠을 자며 몸이 휴식하고 있는 것처럼 보일 때, 뇌는 오히려 북새통처럼 다양한 상태의 단계를 규칙적으로 반복하며 활발히 활동한다.

뇌전도가 개발되면서 연구자들은 낮과 밤을 가리지 않고 뇌의 전기 활동을 측정할 수 있게 되었다. 1950년대 초, 수면 연구자들은 매일 밤 뇌의 전기 활동이 규칙적이고 예측 가능한 주기를 따

뇌는 우리가 잠을 잘 때 빈둥거리지 않고 다양한 상태의 단계를
규칙적으로 반복하여 활발하게 활동한다.

른다는 것을 알아냈다. 수면은 크게 비렘수면(NREM)과 렘수면(급속안구운동수면, REM)으로 나뉜다. 비렘수면은 다시 뇌파의 주파수와 크기에 따라 몇 단계로 나눌 수 있다. 각성 상태에서 수면 상태로 넘어갈 때 우리 뇌파는 주파수가 비교적 높고 진폭은 작은 비렘수면 1단계에 돌입한다. 이후 뇌파의 진폭은 더 커지고 주파수는 느려지면서 비렘수면의 2, 3, 4단계가 이어지며 점점 더 깊은 잠으로 빠진다. 이어서 뇌전도는 다시 비렘 4, 3, 2단계로 넘어가면서 얕은 잠 쪽으로 올라가다가 이윽고 렘수면 단계로 접어든다. 그런 다음 수면 단계들이 다시 진행되기 시작한다. 비렘수면과 렘수면을 거치는 각 주기는 90~120분이 소요된다.

꿈은 대부분 렘수면에서 발생한다. 렘수면을 하는 동안 사람의 눈은 재빠르게 이쪽저쪽으로 움직인다. 렘수면 도중에 깨어나면 막 꿈을 꾸고 있던 중이라고 말하는 경우가 많다. 렘수면과 각성 시의 뇌전도는 진폭이 작고 주파수가 높은 뇌파로 서로 아주 비슷한 패턴을 보인다. 그렇지만 렘수면 동안에는 뇌가 수의근이 동작하는 것을 막는 신호를 생성한다. 이는 우리가 꿈에서 하는 행동을 실제로 행동에 옮기는 것을 막는 안전 조치다.

수면은 깨어 있는 동안 받은 스트레스, 신체 활동과 정신 활동으로 받은 긴장과 피로에서 회복하도록 돕는다. 또한 수면은 위협들을 눈으로 볼 수 없는 어두운 밤에 조용한 상태를 유지하게 함으로써 동물을 보호하는 역할도 한다.

사람은 매일 약 8시간, 그러니까 하루의 3분의 1을 잠을 자며 보낸다. 어떤 박쥐는 하루에 거의 20시간을 자지만, 기린은 하루에 2시간 정도밖에 자지 않는다.

더 찾아보기: 뇌전도

Society for Neuroscience 신경과학회

신경계를 연구하는 전 세계 과학자들의 전문가 협회. 1969년에 스무 명의 과학자가 창립한 신경과학회는 현재 95개국 이상에서 3만 7,000명 이상의 회원을 보유한 단체로 성장했다. 학회는 회원들의 직업적 발전 기회를 제공할 뿐 아니라, 교육 및 지역사회 봉사, 과학 옹호, 공공 정책 참여 등의 활동도 하고 있다. 또한 『신경과학 저널』JNeurosci과 『이뉴로』eNeuro를 발간해 신경과학의 모든 측면을 다루는 논문들을 출판한다.

해마다 열리는 신경과학회 콘퍼런스에는 약 3만 명의 신경과학자가 참석하여 포스터, 강연, 워크숍, 심포지엄의 형식으로 자신의 연구를 소개한다. 이 콘퍼런스는 대학원생들이 자신의 연구를 다른 신경과학자들에게 최초로 소개할 기회이기도 하다.

Sperry, Roger Walcott 로저 월코트 스페리

미국의 신경과학자. 스페리1913~94는 노벨상을 안겨준 '분리뇌' split-brain 환자 연구로 가장 잘 알려져 있지만, 처음에는 신경계의 발달에 관한 선구적인 연구로 경력을 시작했다. 스페리의 초기 연구는 뉴런들이 화학적 신호를 기반으로 유전 부호와 연결을 맺는다는 증거를 제시했다.

1960년대에 분리뇌로 주의를 돌린 스페리는, 뇌전증 발작을 통제하기 위해 뇌 수술을 받은 특수한 환자들을 연구했다.* 그 수술에서 신경외과 의사들은 대뇌 좌반구와 우반구를 연결하는 축삭돌기들의 큰 다발인 뇌들보를 절단했다. 스페리가 연구하기 전에도 연구자들은 뇌들보가 잘린 환자들에게 아무런 인지적 변화가 생기지 않았음을 알고 있었다. 스페리는 이런 연구에 만족하지 않고, 뇌의 왼쪽이나 오른쪽에 어떤 정보를 제시할 때 분리뇌 환자들이 어떤 능력을 보이는지 알아보기 위해 기발한 실험을 설계했다. 두 반구 사이의 연결이 끊어졌으므로 이들 뇌의 양쪽은 각자 다른 쪽이 아는 것을 공유할 수 없었다.

1981년에 스페리는 대뇌 좌반구와 우반구의 기능 국재화와 양반구 사이 정보 전달에서 뇌들보가 하는 역할을 증명한 연구로 노벨 생리학·의학상을 받았다. 대중문화는 스페리의 분리뇌 연구를 과장하고 과잉해석함으로써 '좌뇌형' 성격과 '우뇌형' 성격이 존재한다는 착각을 퍼뜨렸다.

더 찾아보기: 뇌들보

Sphenopalatine Ganglioneuralgia
접형구개 신경절 신경통

아이스크림 두통 또는 뇌 동결. 밀크셰이크를 너무 빨리 마시거나 아이스크림을 크게 베어 먹었을 때 생기는 찌르는 듯한 통증을 표현할 때 '접형구개 신경절 신경통'이라고 말할 수 있는 사람도 있겠지만, 간단히 '아이스크림 두통'이라고 하는 게 훨씬 더 쉽다.

아이스크림 두통은 입천장의 혈관들이 아주 빠른 속도로 차가워질 때 생긴다. 이 혈관들은 신경망으로 둘러싸여 있다. 차가운 음식이 혈관을 수축시키면 그 신경들이 뇌로 통증 신호를 보낸다. 이에 대한 반응으로 몸은 입안의 차가운 부분에 피를 더 많이 보

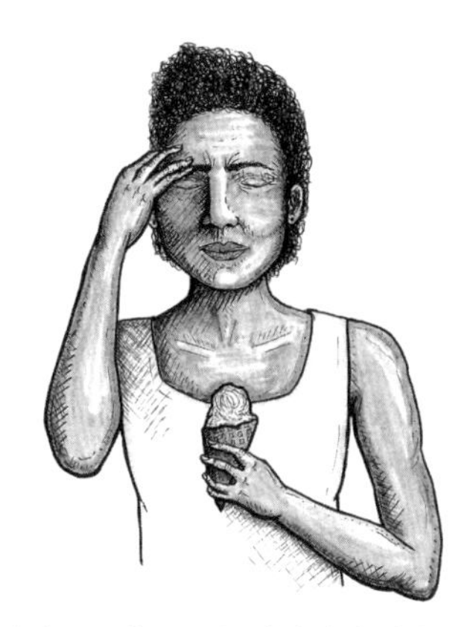

아이스크림 두통은 입천장의 혈관들이
아주 빠른 속도로 차가워질 때 생긴다.

내 따뜻하게 만들려고 노력하고, 새로운 피가 몰려와 혈관이 확장되면서 다시 그 신경이 자극된다. 아이스크림 통증은 이렇게 차가운 음식 때문에 뇌혈관이 수축하고 팽창하며 생긴다.

접형구개 신경절 신경통은 이름만 들으면 심각한 신경 질환처럼 여겨질 수도 있지만, 이런 두통은 상당히 흔하고 불편하기는 하지만 일시적인 것으로 크게 걱정할 문제는 아니다. 차가운 음식을 더 천천히 먹거나, 빨리 먹었을 때는 혀로 입천장을 누르기만 해도 아이스크림 두통을 피할 수 있다.

Spina Bifida 이분척추

미국에서 매년 1,500~2,000명의 아기들에게 발생하는 신경발달성 선천적 기형. '이분척추'spina bifida라는 명칭은 '갈라진 척추'를 뜻하는 라틴어에서 왔다.

이분척추는 자라는 태아에게서 이후 뇌와 척수로 발달할 부분인 신경관이 제대로 형성되지 않을 때 발생하며* 세 가지 유형으로 나뉜다. 먼저 잠재성 이분척추 또는 숨은 이분척추는 비교적 심각하지 않은 형태의 이분척추로, 하나 이상의 척추뼈가 제대로 형성되지 못해 척추뼈들 사이에 공간이 생긴 것이다. 그리고 척수수막류는 척수나 수막, 혹은 척수신경이 척주관[31] 밖으로 빠져나오는 심각한 형태의 이분척추이며, 수막류는 척수를 둘러싼 수막이 척주관 밖으로 빠져나오는 드문 형태의 이분척추다.

수막류나 척수수막류를 갖고 태어난 아기들은 등에 작은 낭포가 튀어나와 있다. 이분척추가 있는 사람이 척수를 치료하지 않으면 신경 손상, 운동 문제, 방광 합병증, 장 문제가 생길 수 있다.

이분척추를 갖고 태어난 아기들도 출생 후 빨리 수술하면 대개 척수의 손상을 바로잡을 수 있다. 또한 엄청난 기술과 정밀한 솜씨를 지닌 소아신경외과 의사들은 아기가 아직 태내에 있을 때 수술해 이분척추의 영향을 줄일 수도 있다. 태아 수술은 발달 중

31) 척수가 지나가는 척추뼈 안의 공간—옮긴이.

인 아기의 척수에 미래에 가해질 손상을 제한하고 아기가 자라면서 동작 문제들이 나타날 가능성도 줄여준다.

더 찾아보기: 수막, 척수, 척주

Spinal Cord 척수

뇌와 척수신경 사이의 연결. 척수는 뇌와 함께 중추신경계를 구성한다. 성인의 척수는 길이 44~46센티미터로, 척추뼈 안 척주관에 들어 있다.

척수는 양방향 도로처럼 뇌와 신체의 나머지 부분들 사이에서 오고 가는 정보를 전달한다. 뇌에서 보내는 신호를 전도하는 축삭돌기들은 척수 전체를 따라 뻗어 근육에 연결된 뉴런들에 도달해 동작을 통제한다. 척수에 있는 또 다른 축삭돌기들은 피부, 관절, 근육, 기타 신체 기관들에서 보내는 감각 신호를 뇌로 전달한다. 척

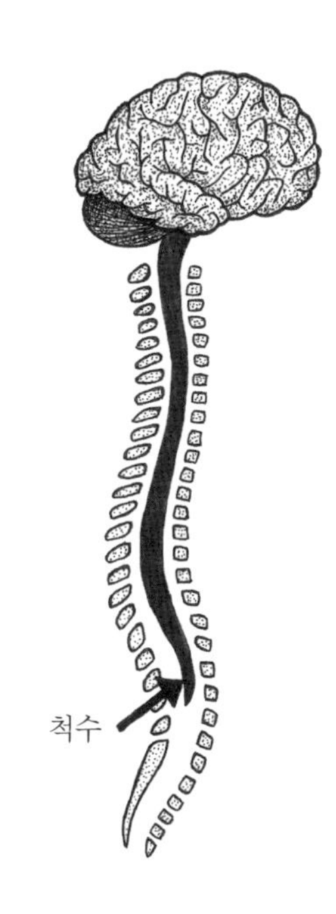

척수는 뇌와 신체의 나머지 부분들 사이에서 오고 가는 정보를 전달한다.

수 안에 있는 뉴런들의 회로는 뇌에서 보내는 입력 없이도 다양한 반사를 조정할 수 있다.

척수에는 축삭돌기의 경로뿐 아니라 뉴런 세포체들도 존재한다. 척수의 횡단면을 보면 이 세포체들(회색질)이 나비 같은 모양을 형성하고 있다. 척수 뒤쪽에 위치한 나비 날개의 윗부분은 등쪽뿔이라고 하며 여기에는 감각 정보를 뇌로 보내는 뉴런들이 있다. 척수 앞쪽 나비 날개의 아랫부분은 배쪽뿔이라 불리며 뇌에서 근육을 통제하기 위해 보내는 정보를 받는 뉴런들이 모여 있다.

더 찾아보기: 축삭돌기, 뉴런, 반사, 척주

Stroke 뇌졸중

뇌로 가는 혈액 공급이 중단되어 뉴런이 죽는 현상. 뇌는 혈류를 통해 산소와 탄수화물, 아미노산, 지방, 호르몬, 비타민을 지속적으로 공급받기 때문에 혈류가 멈추면 뉴런이 죽을 수밖에 없다.

뇌졸중은 혈관이 막힐 때(허혈성 뇌졸중)나 혈관이 터질 때(출혈성 뇌졸중) 일어난다. 예를 들어 혈전이 쌓이거나 뇌로 혈액을 나르는 동맥이 좁아지면 뉴런으로 가는 영양분의 흐름이 끊길 위험이 커진다. 혈관 벽에 혹이 생겼거나(뇌동맥류), 동맥과 정맥의 연결이 비정상일 때(뇌동정맥기형)에도 혈관에 출혈이 생겨 뇌졸중을 초래할 수 있다. 출혈성 뇌졸중보다 허혈성 뇌졸중이 더 흔하다.

뇌졸중이 생길 때 처음에 어떤 신호가 나타나며 어떻게 대처해야 하는지 모든 사람이 알고 있어야 한다. 이 신호들은 FAST라는 머리글자로 외우면 편리하다. 얼굴이 처지고 마비되는 느낌이 들고Face drooping 팔다리가 마비되고 힘이 빠지며Arm weakness 말이 어눌해지거나 말을 잘 이해하지 못하면Speech problems 지체없이 응급 신고를 해야 할 시간Time이다. 몸의 한쪽에 마비가 일어나는 것이 뇌졸중에서 흔히 나타나는 특징이지만, 기억, 학습, 주의, 언어 장애, 감정 문제 같은 인지 문제도 발생할 수 있다.

고혈압, 흡연, 심장병, 당뇨병은 모두 뇌졸중의 위험을 높인다. 그러므로 생활 습관과 행동을 바꾸는 것이 뇌졸중 발생 위험을 줄이는 데 도움이 된다. 일단 뇌졸중이 발생했다면 혈전을 녹이거나 제거하는 약, 출혈을 멈추는 약을 써서 뇌 손상을 최소화해야 한다.

미국에서만 한 해에 약 79만 5,000명에게 뇌졸중이 발생하며, 뇌졸중으로 사망하는 사람은 약 14만 명에 이른다. 뇌졸중에 걸린 유명한 인물로 미국의 전 대통령들만 살펴보아도 존 퀸시 애덤스1767~1848, 존 타일러1790~1862, 밀러드 필모어1800~74, 앤드류 존스1808~1875, 체스터 아서1829~86, 우드로 윌슨1856~1924, 워런 G. 하딩1865~1923, 프랭클린 D. 루스벨트1890~1969, 드와이트 D. 아이젠하워1882~1945, 리처드 닉슨1913~94 그리고 제럴드 포드1913~2006를 들 수 있다.*

더 찾아보기: 윌리스 동맥고리

Synapse 시냅스

한 뉴런이 다른 뉴런이나 근육세포 또는 분비샘과 기능적으로 연결되는 부위. 뉴런이 몸의 다른 세포들과 다른 점은 전기 신호를 생성해서 다른 뉴런과 근육, 기관에 보낼 수 있다는 점이다. 뉴런과 다른 세포 사이에서 이런 신호 전달이 일어나는 곳이 바로 시냅스다.

시냅스는 (1) 신호를 보내는 뉴런에서 신경전달물질을 품고 있는 시냅스전 말단, (2) 신호를 받는 뉴런에서 신경전달물질의 수용체들이 자리한 부분인 시냅스후 말단, (3) 이 두 말단 사이 20~40나노미터의 작은 공간인 시냅스 틈새로 이루어진다. 대부분의 시냅스는 화학적 성격을 띠지만 일부 전기적 시냅스도 있다. 여기서는 시냅스전 말단과 시냅스후 말단 사이의 간격이 2나노미터밖

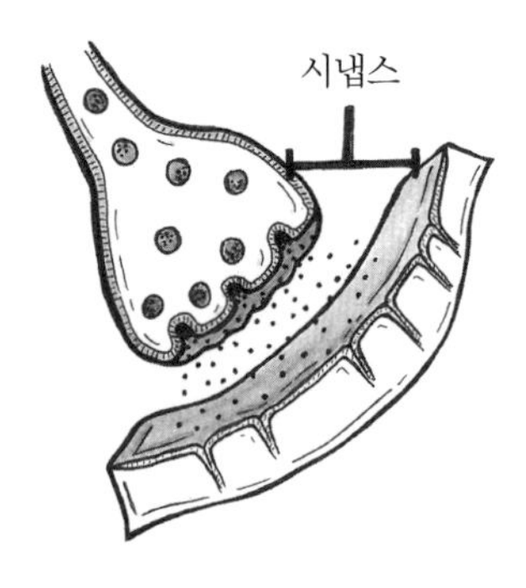

시냅스는 뉴런과 다른 세포 사이에서 신호 전달이 일어나는 곳이다.

에 안 되며, 전류가 간극연접이라는 작은 통로를 통해 한 뉴런에서 다음 뉴런으로 흘러갈 수 있다.

교과서에서는 흔히 시냅스를 한 뉴런의 축삭돌기 말단과 다른 뉴런의 가지돌기 사이의 연결(축삭가지돌기 시냅스)로 묘사한다. 하지만 시냅스는 한 뉴런의 축삭돌기 말단과 다른 뉴런의 세포체 사이(축삭세포체 시냅스)에서도, 또 다른 뉴런의 축삭돌기 사이(축삭간 시냅스)에서도 형성될 수 있다.

시냅스synapse라는 단어는 1897년에 신경과학자 찰스 스콧 셰링턴이 '함께'와 '묶다'라는 뜻의 그리스어 'syn'과 'haptein'을 조합하여 만들었다. 1897년에 마이클 포스터Michael Foster, 1836~1907가 셰링턴의 보조를 받아 집필한 교과서 『생리학 교과서 3부: 중추신경계』*A Textbook of Physiology, Part III: The Central Nervous System*, 1897에 시냅스라는 단어가 처음 실렸다.

더 찾아보기: 활동전위, 뉴런, 신경전달물질, 찰스 스콧 셰링턴

Synesthesia 공감각

한 감각을 지각할 때 동시에 다른 감각의 자극도 받는 현상. '도' 음이 초록으로 보이거나 파란색이 단맛으로 느껴진다고 상상해보라. 이렇게 뒤섞인 감각 지각이 바로 공감각을 지닌 사람들이 경험하는 현상이다. 실제로 공감각synesthesia이라는 단어는 '함께'를 뜻하는 그리스어 'syn'과 '감각 지각'을 뜻하는 'aesthesis'에서

파생되었다.

공감각은 질병이 아니라 감각들이 뒤섞일 때 나타나는 정상적인 상태다. 200명 중 1명 정도가 공감각을 지니고 있다. 공감각을 느끼는 이들 중에는 다른 사람들은 자신과 다르게 세상을 경험한다는 사실을 깨닫지 못하는 사람도 많다.

문자나 숫자가 특정한 색깔로 보이는 것이 공감각의 가장 흔한 형태이지만, 어떤 식의 감각 조합이든 일어날 수 있다. 어떤 감각들이 섞이든 상관없이, 공감각은 자동적이고 불수의적이며 사람마다 각자 특유하다. 또한 공감각의 지각은 항상 똑같이 일어난다.

공감각자들 대부분은 자신의 능력을 선물받은 재능이라고 여기며, 그런 감각이 없는 삶을 상상하지 못한다. 많은 공감각자가 이러한 지각적 능력을 활용하여 음악과 예술 활동에서 창의성을 키우고 기억력을 증강한다. 유명한 공감각자로는 가수 토리 에이머스1963~, 빌리 아일리시2001~, 로드1996~, 빌리 조엘1949~, 찰리 XCX1992~, 퍼렐 윌리엄스1973~, 작곡가이자 피아니스트인 듀크 엘링턴1899~1974, 바이올리니스트 이츠하크 펄만1945~, 화가 데이비드 호크니1937~가 있다.

T

세계 곳곳의 고대인들이
두개골에 구멍을 뚫은 것은
종교적 제의나 치료를 위해서였을 것이다.

Temporal Lobe 측두엽

각 대뇌반구에서 전두엽 뒤 두정엽 아래에 있는 부분으로, 기억 부호화와 청각 정보 처리, 언어 이해를 담당한다. 측두엽에 일차청각피질이 자리하고 있다는 점만 봐도 이 뇌 영역이 듣기에서 얼마나 중요한 역할을 하는지 알 수 있다. 청각피질 뒤에는 언어 이해에서 중요한 역할을 하는 피질 영역인 베르니케Wernicke 영역이 자리한다. 측두엽의 다른 부분들은 시각적 대상 식별과 얼굴 인지를 담당한다.

측두엽에 포함되는 해마는 비주위 영역, 해마곁 영역, 내후각피질 영역 등 역시나 측두엽 피질에 자리한 다른 부분들과 함께 기억의 형성과 저장에서 핵심 역할을 한다.

더 찾아보기: 해마, 브렌다 밀너, 헨리 몰레이슨

Tourette Syndrome 투렛증후군

불수의적인 반복적 동작 틱tic과 발성 틱을 특징으로 하는 신경질환. 1825년에 프랑스의 의사 장마크 가스파르 이타르Jean-Marc Gaspard Itard, 1774~1838는 일곱 살 때 발성 틱이 시작된 여성을 진료했다. 1885년에는 또 다른 프랑스 의사 조르주 질 드 라 투렛Georges Gilles de La Tourette, 1857~1904이 이 환자와 틱이 있는 몇몇 다른 환자의 증상에 대한 보고서를 발표했다. 이 연구를 기려 이 증후군에는 투렛의 이름이 붙었다.

투렛증후군은 유년기에 처음 나타나며 성인기까지도 증상이 이어질 수 있다. 투렛증후군의 흔한 특징은 눈을 깜빡이는 등의 얼굴 틱, 코 훌쩍이기, 그르렁거리는 소리 내기, 목청 가다듬기 같은 발성 틱, 얼굴과 목, 사지를 움직이는 것 등이 있다. 동작 틱과 발성 틱이 최소한 1년 동안 지속되고, 틱이 18세 이전에 시작되어야 투렛증후군으로 진단된다. 투렛증후군이 있는 사람들은 정상 지능을 갖고 있으며 온전한 삶을 살아간다.

투렛증후군의 원인은 알려지지 않았지만, 연구들에 따르면 유전적 요인이 있는 것으로 보인다. 약한 틱 증상만을 보이는 경우에는 약물 치료가 필요 없지만, 틱이 일상 활동을 방해할 경우, 도파민의 작용을 차단하는 할로페리돌haloperidol과 피모자이드pimozide 같은 신경이완제를 써서 투렛증후군의 증상을 완화할 수 있다.

유명인들 중에서는 축구 선수 팀 하워드1979~, 야구 선수 짐 아이젠라이히1959~, 자동차 경주 선수인 스티브 월리스1987~, 농구선수 마흐무드 압둘 라우프1969~ 등의 운동선수들이 투렛증후군이 있음을 밝혔다.

더 찾아보기: 도파민

Trepanation 천공

두개골을 긁거나 뚫어서 구멍을 내는 외과 시술. 천공은 구석기 시대 말부터 사용한 방법이니 역사상 가장 오래된 신경외과적 시술일 것이다. 고고학적 증거에 따르면 천공은 고대 이집트, 아프리카, 인도, 중국, 아메리카, 로마, 그리스에서 행해졌다.* 오늘날 천공(개두술)은 두부외상, 뇌종양, 뇌출혈, 뇌압 상승을 치료하는 데 사용된다.

초기에는 단단한 돌이나 금속 같은 것으로 만든 천공기로 긁거나 뚫거나 자르거나 파서 두개골에 구멍을 냈다. 천공술을 행한 두개골에서 보이는 구멍의 크기는 다양한데, 그중에는 지름이 몇

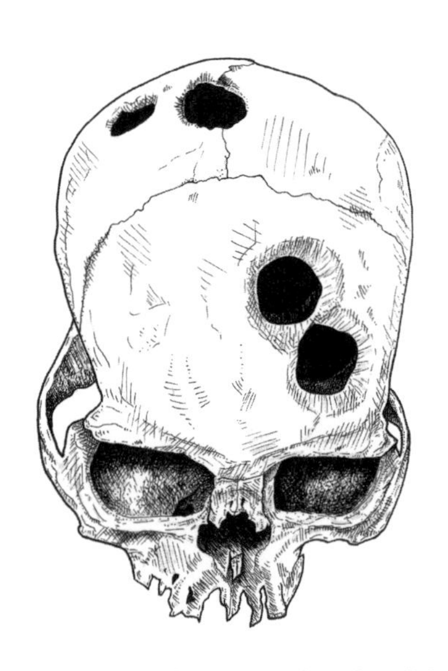

천공은 두개골을 긁거나 뚫어서 구멍을 내는 외과 시술로
역사상 가장 오래된 신경외과적 시술이다.

인치나 되는 구멍도 있다. 천공술 구멍이 있는 두개골 중에는 시술 이후 새로운 뼈가 자란 흔적이 보이는 것들도 많다. 이는 이 끔찍한 시술을 받은 후에도 살아남은 사람들이 있었음을 암시한다. 마취제는 그로부터 수천 년 뒤에나 발견되었는데 말이다.

세계 곳곳의 고대인들이 두개골에 구멍을 뚫은 것은 종교적 제의나 치료를 위해서였을 것이다. 아마도 뇌전증, 두통, 정신질환을 치료하는 수단이었을 가능성이 크다. 어쩌면 사람들은 사악한 영령이 이런 병들을 초래한다고 믿고, 두개골의 구멍으로 그 악령이 빠져나가면 환자가 나을 거라고 생각했을지도 모른다.

1960년대 말에는 일부 사람들 사이에서 천공에 대한 비의학적 쓸모에 관심이 일었다. 이들은 두개골에 구멍을 뚫으면 뇌 혈류가 증가하고 창의성과 집중력이 향상되며 의식이 고조된다고 믿었다. 머리에 구멍을 뚫으면 인지 능력이 향상된다는 믿음을 뒷받침하는 과학적 증거는 전혀 없다. 게다가 직접 천공술을 시행하는 데는 심각한 감염 및 뇌 손상의 위험이 따른다. 셀프 천공은 확실히 '집에서 따라 하면 안 되는' 활동에 속한다. 모든 천공술은 노련한 신경외과 의사의 손에 맡겨야 한다.

Twarog, Betty Mack 베티 맥 트와로그

미국의 신경과학자. 트와로그1927~2013는 1948년에 스와스모어 칼리지에서 수학 학사로 졸업한 후, 관심 분야를 바꾸어 하버드대학 대학원에서 신경생리학과 신경약리학을 공부했다.

과학자들은 이미 1930년대에 위장관의 세포들이 장 근육의 수축을 초래하는 물질을 분비한다는 사실과 어떤 화학물질이 혈관을 수축시킨다는 사실을 알고 있었다. 하지만 이 초기 실험들에서는 그 특별한 화학물질이 무엇인지는 식별하지 못했다. 이후 혈액을 화학적으로 분석함으로써 이 화학물질이 세로토닌(5-하이드록시트립타민)이라는 것이 밝혀졌다. 트와로그는 세로토닌이 홍합 같은 무척추동물의 근육 수축에 영향을 줄 수 있다는 것을 처음으로 보여주었고, 이어서 1953년에는 세로토닌이 쥐, 토끼, 개의 뇌에도 있다는 것을 증명해 많은 연구자를 놀라게 했다. 이는 세로토닌이 척추동물의 뇌에도 존재한다는 최초의 증거였다.*

척추동물의 뇌에서 세로토닌을 발견했다는 것은 이 화학물질이 신경전달물질로 작용할 수도 있다는 의미였다. 트와로그의 연구는 선택적 세로토닌 재흡수억제제인 플루옥세틴(프로작), 파록세틴(팍실, 펙세바), 설트랄린(졸로프트) 같은 세로토닌을 활용한 항우울제 연구에 토대를 놓았다.

더 찾아보기: 신경전달물질, 세로토닌

U

감칠맛 수용체는 위 안에서도 발견되었는데,
이 수용체들은 소화를 도와달라는
신호를 뇌로 전달한다.

Umami 감칠맛

감칠맛 또는 고기 요리에서 나는 맛. 대부분의 사람은 다섯 가지 기본 맛 중 단맛, 신맛, 쓴맛, 짠맛의 네 가지는 누구나 알지만 나머지 하나인 감칠맛은 어떤 것인지 모르는 사람도 많다. 감칠맛은 소고기나 닭고기에 특유의 구수한 풍미를 더해주는 맛이다.

일본인 화학자 이케다 기쿠나에池田菊苗, 1864~1936가 1908년에 감칠맛을 기본 맛으로 지정하자고 제안했지만, 단맛, 신맛, 쓴맛, 짠맛과 더불어 감칠맛이 기본 맛으로 인정받은 것은 한참 뒤인 1980년대 중반이었다. 연구자들은 글루탐산염(글루타메이트) 분자가 혀와 입안의 여러 부분에 있는 특정 수용체와 결합할 때 감칠

감칠맛은 단맛, 신맛, 쓴맛, 짠맛과 더불어 기본 맛으로 인정받았으며
멸치·해초·버섯·간장 등을 사용하는 요리에서 느낄 수 있다.

맛이 감지된다는 것을 알아냈다.* 감칠맛 수용체는 위 안에서도 발견되었는데, 이 수용체들은 소화를 도와달라는 신호를 뇌로 전달한다.

감칠맛은 버섯, 해초, 파마산 치즈, 멸치, 간장 등을 사용하는 요리에서 느낄 수 있다. 글루탐산일소듐MSG을 음식에 첨가하면 고기 맛 같은 구수한 감칠맛을 더 진하게 만들 수 있다.

V

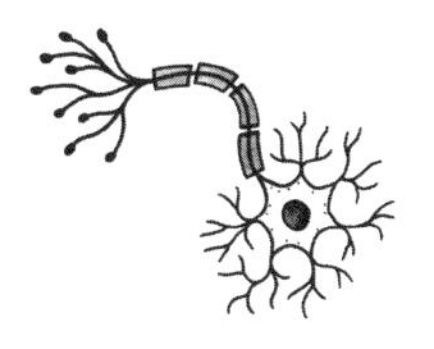

대부분의 포유류는,
심지어 목이 180센티미터나 되는 기린도
경추가 7개다.

Vagus Nerve 미주신경

10번째 뇌신경으로 12가지 뇌신경 중 길이가 가장 길다. 미주신경은 가슴과 복부에 있는 기관들과 뇌 사이를 복잡하게 돌아다니며 둘 사이에 오고 가는 정보를 전달하는 경로다.

미주vagus[32]라는 단어는 '배회하다'라는 뜻의 라틴어에서 왔는데, 이는 미주신경이 심장, 폐, 후두, 소화관 등 신체의 여러 다른 장소들과 뇌를 연결한다는 점 때문이다. 미주신경은 뇌에서 내부 장기들을 통제하기 위해 보내는 정보와 이 장기들이 뇌로 보내는 정보를 양방향으로 전달한다.

더 찾아보기: 뇌신경

Ventricles 뇌실

뇌척수액으로 차 있으며 서로 연결된 뇌 내부의 빈 공간. 베네치아의 유명한 운하가 수로로 화물과 사람들을 수송하는 일을 돕듯이, 뇌의 뇌실들은 중추신경계 전체에 호르몬과 노폐물, 기타 물질들을 액체로 실어 나르는 통로다. 베네치아의 운하는 물로 차 있지만 뇌실들은 뇌척수액으로 차 있다.

뇌실 중 가장 큰 것은 뇌 양쪽의 가쪽뇌실들이다. 가쪽뇌실lateral ventricles은 뇌실사이구멍을 통해 셋째뇌실과 연결되고, 셋째뇌실은

32) 迷走. 정해진 통로 이외의 길을 달린다는 뜻—옮긴이.

이어서 중간뇌수도관을 통해 넷째뇌실과 연결된다. 넷째뇌실에서 나온 뇌척수액은 가쪽구멍과 정중구멍을 지나 지주막밑 공간으로 흘러들어간다.

뇌실들은 뇌척수액을 수송하는 경로가 되어줄 뿐 아니라, 뇌가 부을 경우 안전장치로도 작용한다. 두부외상이나 감염은 뇌를 붓게 만들기도 하는데, 단단한 두개골 속에서 뇌가 부어오르면 압력 때문에 뇌 조직에 손상이 생길 수 있다. 뇌실은 어느 정도 확장되어 압력을 낮출 수 있으므로 뇌가 손상될 위험을 줄여준다.

더 찾아보기: 뇌척수액, 수막

Vertebral Column 척주

척추뼈들이 모여 이루어진 기둥. 모든 척추동물의 척수는 추골 vertebrae이라는 척추뼈들 안에 들어 있다. 사람에게는 33개의 척추뼈가 있고 이 뼈들에는 각자 위치에 따라 이름이 붙어 있다. 목뼈(경추) 7개, 등뼈(흉추) 12개, 허리뼈(요추) 5개, 엉치척추뼈 5개, 꼬리척추뼈 4개. 성인이 되면 엉치척추뼈와 꼬리척추뼈가 각각 합쳐져 엉치뼈(천골)와 꼬리뼈(미골)를 형성한다. 모든 추골 사이에는 각자 조금씩 움직일 수 있게 해주는 추간판(디스크)이 들어 있다. 척수는 척추뼈구멍(추공) 안에서 각각의 척추뼈를 통과하며 지나간다.

대부분의 포유류는, 심지어 목이 180센티미터나 되는 기린도

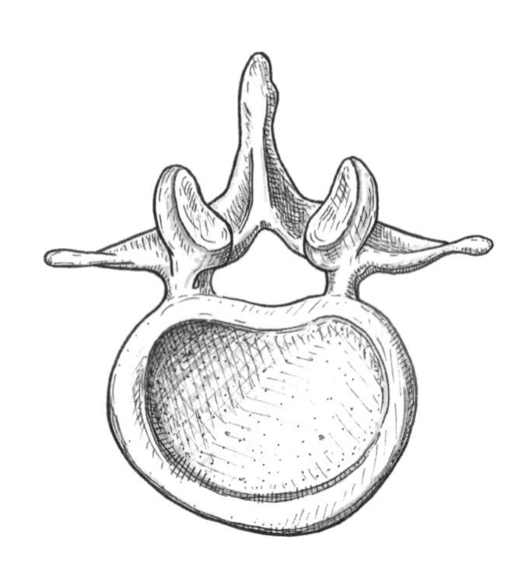

척주는 척추뼈가 모여 이루어진 기둥으로
사람은 33개의 척추뼈가 있다.

경추가 7개다. 물론 이 규칙에도 예외는 있다. 매너티와 두발가락 나무늘보는 경추가 6개뿐이고, 큰개미핥기는 8개, 세발가락나무늘보는 9개다.

더 찾아보기: 척수

Vesalius, Andreas 안드레아스 베살리우스

벨기에 플란데런의 의사이자 해부학자. 젊은 의학도 시절 베살리우스1514~64는 고대 그리스의 의사 갈레노스129~199?의 연구를 바탕으로 공부했다. 갈레노스의 가르침은 수백 년 동안 의학 교육을 지배하고 있었고, 사람들은 그 내용에 틀린 곳이 없다고 생각한다. 하지만 갈레노스와 달리 베살리우스는 직접 인체를 해부하며 해부학적 지식을 얻었다. 사람의 시체를 대상으로 한 베살리우스의 연구로 갈레노스가 인체의 해부 구조에 대해 크게 잘못 알고 있었던 부분들이 드러났다. 베살리우스는 그의 가장 위대한 저서로 꼽히는 『사람 몸의 구조』*De humani corporis fabrica*, 1543에서 갈레노스의 몇 가지 착오에 관해 설명했다.

현대 의학의 창시자 베살리우스는
인체를 직접 해부하며 해부학적 지식을 얻었다.

『사람 몸의 구조』는 7권으로 이루어져 있으며 270편 이상의 상세한 삽화가 실려 있다. 권마다 인체의 각기 다른 부분에 관해 논하는데, 4권은 신경을 다루고 7권은 뇌와 감각기관에 집중한다. 이전 학자들과 달리 베살리우스는 뇌실이 인지의 원천이라는 관점을 거부했으며, 신경이 심장에서 뻗어나오는 가지가 아니라는 것을 밝혀냈다. 또한 그는 예전 사람들이 믿었던 것과 달리 신경이 텅 빈 관이 아니라는 것도 증명했다.

『사람 몸의 구조』를 출판하고 얼마 지나지 않아 베살리우스는 대학의 교편을 내려놓고 카를 5세 황제Charles V, 1500~58의 어의로, 후에는 스페인 국왕 펠리페 2세Philip II, 1527~98의 어의로 일했다. 1564년에 그는 예루살렘 순례를 마치고 이탈리아로 가는 배에 올랐다. 그러나 배 위에서 병에 걸려 그리스의 자킨토스섬에서 내렸고, 며칠 뒤 그곳에서 사망했다.

많은 사람이 베살리우스를 현대 의학의 창시자로, 『사람 몸의 구조』를 과학적 걸작이자 예술적 걸작으로 여긴다.

더 찾아보기: 갈레노스

Volkow, Nora 노라 볼코

멕시코계 미국인 정신의학자. 볼코1956~는 멕시코에서 태어나 1980년에 멕시코국립대학에서 의학 학위를 받았다. 의대 과정을 마친 뒤에는 뉴욕대학에서 1980년부터 1984년까지 5년간 정신과 레지던트로 일하며 의사로서 실력을 갈고닦았다.* 연구자로서는 뇌영상을 활용해 알코올, 코카인, 칸나비노이드 같은 약물이 인간의 뇌에 어떻게 영향을 미치는지 연구했다. 또한 그는 대중에게 마약 중독이 뇌질환이라는 인식을 높이는 일을 주도적으로 이끈 인물이기도 하다.

2003년에 볼코는 미국국립보건원 산하의 국립약물남용연구소 소장으로 임명되었다. 약물남용연구소 소장으로서 그는 약물남용과 중독에 대한 연구, 교육, 훈련에 들어가는 약 14억 달러의 예산을 감독한다.

볼코는 적극적으로 물질남용에 맞서 싸우는 공공의 대변인으로서, 중독이 일으키는 결과들을 설명하고 중독에 대한 낙인을 줄이려 노력해왔다. 볼코는 2007년에 『타임』이 선정한 '세계에서 가장 영향력 있는 사람' 중 한 명이었고, 2012년에는 뉴스쇼 「60분」에서 그에 관해 상세히 소개했다. 볼코는 러시아의 마르크스주의 혁명 지도자였다가 멕시코로 망명한 레프 트로츠키Lev Trotsky, 1879~1940의 증손녀라는 흥미로운 가족사도 갖고 있다.

더 찾아보기: 알코올, 코카인, 대마초

Volta, Alessandro 알레산드로 볼타

전기 배터리의 전신인 볼타 전지를 발명한 이탈리아의 물리학자. '필요는 발명의 어머니'라는 말은 알레산드로 볼타1745~1827

에게 아주 잘 들어맞는다. 그는 과학적 경쟁자인 루이지 갈바니의 주장을 반박하기 위해 동물에게는 자체에 내재한 전기가 없다는 것을 보여줄 방법이 필요했다. 볼타는 전기를 일으킨 것은 두 가지 다른 금속이며, 개구리의 근육은 그렇게 생긴 전기에 반응한 것일 뿐, 갈바니의 가설처럼 실제로 자체의 전기를 만들어낸 것은 아니라고 믿었다. 그에게 볼타 전지를 발명할 동기를 제공한 것이 바로 갈바니와의 이러한 과학적 의견 차이였다.

1790년대 말, 볼타는 아연과 구리 원판을 번갈아 쌓고 이 원판들 사이사이에 소금물에 적신 천이나 마분지를 끼워 넣었다. 이렇게 만들어진 볼타 전지는 조절이 가능하고 지속적인 전류를 생성할 수 있었다. 볼타는 이 발명품을 사용한 실험으로 전류가 흐르는 데는 신경이나 근육이 필요 없다는 것을 보여주었다.

1881년에 국제전기박람회(국제전기회의)는 볼타의 성취를 기려 전위차(전압)의 단위를 공식적으로 '볼트'volt로 명명했다.

더 찾아보기: 루이지 갈바니

W

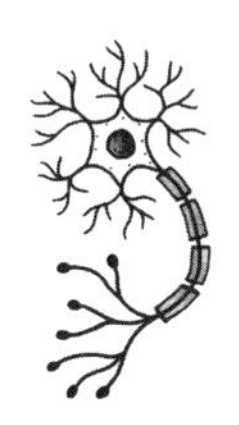

베르니케 실어증에 걸린 사람들은
말을 술술 하기는 하지만
그들이 하는 말은 전혀 뜻이 통하지 않는다.

Wernicke, Carl 칼 베르니케

독일의 신경학자이자 정신과 의사. 칼 베르니케1848~1905는 말의 발화가 뇌의 특정 영역들에서 어떻게 국재화되는지를 이해하기 위한 폴 브로카의 연구를 이어갔다. 프로이센(현재 폴란드)에서 태어난 베르니케는 브로츠와프대학에서 의학을 공부하고 여러 병원에서 정신과 의사로 일했다.*

베르니케는 언어장애 환자들의 병력을 수집해 연구한 뒤, 자신이 발견한 내용을 담아 『실어증의 복합증상』*Der Aphasische Symptomencomplex*, 1874이라는 책을 펴냈다. 이 책에서 베르니케는 상측두이랑의 손상으로 초래되는 언어장애에 관해 기술했다. 글과 말을 이해하지 못하는 이 장애는 이후 베르니케 실어증이라고 불리게 된다. 베르니케 실어증에 걸린 사람들은 말을 술술 하기는 하지만 그들이 하는 말은 전혀 뜻이 통하지 않는다.

베르니케는 정신적 장애를 분류할 때는 신경학적 기준에 따라야 한다고 주장했다. 그는 구체적으로 어느 뇌 영역이 어떤 정신적 능력을 담당하는지 밝혀내지는 못했지만, 고도의 인지 기능은 각자의 특정한 역할을 갖는 여러 영역 사이 상호작용의 결과라고 주장했고, 이 관점은 오늘날에도 여전히 유효하다.

더 찾아보기: 폴 브로카

Z

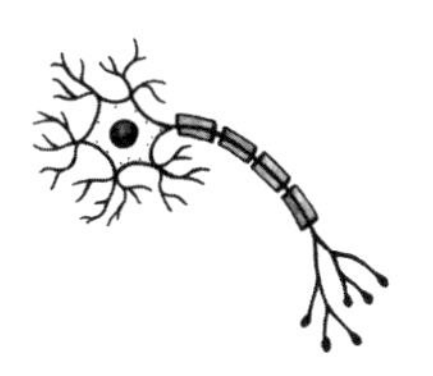

지카바이러스에 대한 백신은 없기 때문에
바이러스를 피하는 것만이
최선의 전략이다.

Zika Virus 지카바이러스

뎅기열, 치쿤구니야열, 황열 등을 일으키는 플라비바이러스과 Flaviviridae에 속하는 바이러스. 지카바이러스에 감염된 숲모기속 *Aedes* 모기가 사람을 물면 사람들 사이에서 이 바이러스가 전파된다. 성인이 지카바이러스에 감염되면 대개 열, 발진, 두통, 결막염, 관절 통증 같은 경미한 증상으로 끝난다. 안타깝게도 이 바이러스는 임신기에 어머니에게서 태아에게로 전염될 수 있으며, 지카바이러스에 감염된 아기는 소두증이나 기타 심각한 뇌 이상을 갖고 태어날 수 있다.

지카바이러스의 진단법은 환자의 혈액이나 타액, 소변을 검사하여 바이러스의 유무를 확인하는 것뿐이다. 지카바이러스에 대

지카바이러스에 감염된 성인은 경미한 증상을 나타내지만
태아에게 전염되면 소두증이나 심각한 뇌 이상을 갖고 태어날 수 있다.

한 백신은 없기 때문에 그 바이러스를 피하는 것만이 최선의 전략이다. 지카바이러스가 활발히 활동하는 곳에 살거나 그 지역을 방문하는 사람들은 모기에 물리지 않도록 긴소매 옷과 긴바지를 입어야 하고, 방충망과 모기장, 방충제를 써야 한다.

사람에게서 지카바이러스가 발견된 것은 약 50년 전이며, 이후 수십 년간 세계 곳곳에서 돌발적으로 지카바이러스 감염이 발생했다. 2015년에는 브라질에서 감염자가 다수 나타났고 이어 다른 나라들에서도 같은 현상이 이어졌다. 그러나 2018년 이후 미국에서는 모기에 물려 지카바이러스에 감염된 환자는 한 명도 없다.

참고 자료

책

American Psychiatric Association, *Diagnostic and Statistical Manual of Mental Disorders,* 5th ed., Arlington, VA: American Psychiatric Association, 2013; 미국정신의학협회, 『정신질환 진단 및 통계 편람』, 5판. / 국내에는 최근 5판의 수정판이 번역 출간됨: 권준수 외 옮김, 『DSM-5-TR 정신질환의 진단 및 통계 편람』, 학지사, 2023.

Catani, Marco, and Sandrone, Stefano, *Brain Renaissance: From Vesalius to Modern Neuroscience*, New York: Oxford University Press, 2015.

Chudler, Eric H., and Johnson, Lise A., *Brain Bytes: Quick Answers to Quirky Questions about the Brain*, New York: W.W. Norton, 2017.

Eagleman, David, The Brain: *The Story of You,* New York: Pantheon Books, 2015; 데이비드 이글먼, 전대호 옮김, 『더 브레인』, 해나무, 2017.

Finger, Stanley, *Minds behind the Brain: A History of the Pioneers and Their Discoveries*, New York: Oxford University Press, 2000.

Gross, Charles G., *A Hole in the Head: More Tales in the History of*

Neuroscience, Cambridge, MA: MIT Press, 2009.

Kandel, Eric R., Koester, J.D., Mack, S.H., and Siegelbaum, S.A., *Principles of Neural Science*, 6th ed., New York: McGraw-Hill, 2021.

McComas, Alan J., *Galvani's Spark: The Story of the Nerve Impulse*, New York: Oxford University Press, 2011.

웹사이트

BrainFacts, Society for Neuroscience. https://www.brainfacts.org/.

Centers for Disease Control and Prevention. https://www.cdc.gov/.

Dana Foundation, https://dana.org/.

National Institute of Neurological Disorders and Stroke, National Institutes of Health. https://www.ninds.nih.gov/.

Neuroscience for Kids. http://faculty.washington.edu/chudler/neurok.html.

참고 문헌

7쪽 * Ramón y Cajal, S., *Charlas de café: Pensamientos, anécdotas y confidencias,* 3rd ed., Madrid: Imprenta de Juan Pueyo Luna, 1922.

18쪽 * Mercante, G., Ferreli, F., De Virgilio, A., Gaino, F., Di Bari, M., Colombo, G., Russo, E., Costantino, A., Pirola, F., Cugini, G., Malvezzi, L., Morenghi, E., Azzolini, E., Lagioia, M., and Spriano, G., "Prevalence of taste and smell dysfunction in coronavirus disease 2019," *JAMA Otolaryngol Head Neck Surg.*, 146(8): 723~28, 2020.

20쪽 * Wiens, F., Zitzmann, A., Lachance, M.A., Yegles, M., Pragst, F., Wurst, F.M., von Holst, D., Guan, S.L., and Spanagel, R., "Chronic intake of fermented floral nectar by wild trees-hrews," *Proc Natl Acad Sci USA*, 105(30):10426~31, 2008.

21쪽 * Sarva, H., Deik, A., and Severt, W.L., "Pathophysiology and treatment of alien hand syndrome," *Tremor Other Hyperkinet Mov* (NY), 4 : 241, 2014.

26쪽 * Iversen, L., *Speed, Ecstasy, Ritalin: The Science of Amphetamines,* Oxford, UK: Oxford University Press, 2008.

27쪽 * US Drug Enforcement Administration, "Drug scheduling,"

September 2, 2021. https://www.dea.gov/drug-scheduling.

** Zald, D.H., "The human amygdala and the emotional evaluation of sensory stimuli," *Brain Res Rev.*, 41(1): 88~123, 2003.

30쪽 * Kandel, E.R., "Small systems of neurons," *Sci Am.*, 241(3): 66~76, 1979.

31쪽 * Clarke, E., and Stannard, J., "Aristotle on the anatomy of the brain," *J Hist Med Allied Sci.*, 18 : 130~48, 1963.

33쪽 * Faraone, S.V., "The pharmacology of amphetamine and methylphenidate: Relevance to the neurobiology of attention-deficit/hyperactivity disorder and other psychiatric comorbidities," *Neurosci Biobehav Rev.*, 87 : 255~70, 2018.

34쪽 * Centers for Disease Control and Prevention, Data & statistics on autism spectrum disorder, August 30, 2021. https://www.cdc.gov/ncbddd/autism/data.html.

35쪽 * Treffert, D.A., "The savant syndrome: An extraordinary condition," *A Synopsis: Past, present, future*, Philos Trans R Soc Lond B Biol Sci., 364(1522): 1351~57, 2009.

37쪽 * Zargaran, A., Mehdizadeh, A., Zarshenas, M.M., and Mohagheghzadeh, A., "Avicenna"(980~1037 AD), *J Neurol.*, 259(2): 389~90, 2012.

38쪽 * Scully, T., "Neuroscience: The great squid hunt," *Nature*, 454(7207): 934~36, 2008.

46쪽 * Abbott, A., "Documentary follows implosion of billion-euro brain project," *Nature*, 588(7837): 215~16, 2020.

Koroshetz, W., Gordon, J., Adams, A., Beckel-Mitchener, A., Churchill, J., Farber, G., Freund, M., Gnadt, J., Hsu, N.S., Langhals, N., Lisanby, S., Liu, G., Peng, G.C.Y., Ramos, K., Steinmetz, M., Talley, E., and White, S., "The state of the NIH BRAIN Initiative," *J Neurosci.*, 38(29): 6427~38, 2018.

Theil, S., "Why the Human Brain Project went wrong-and how to fix it," *Scientific American*, 313: 36~42, 2015.

Yong, E., "The Human Brain Project hasn't lived up to its promise," *Atlantic*, July 22, 2019.

48쪽 * Domanski, C.W., "Mysterious 'Monsieur Leborgne': The mystery of the famous patient in the history of neuropsychology is explained," *J Hist Neurosci.*, 22(1): 47~52, 2013.

52쪽 * Czajkowski, N., Kendler, K.S., Torvik, F.A., Ystrom, E., Rosenstrom, T., Gillespie, N.A., and Reichborn-Kjennerud, T., "Caffeine consumption, toxicity, tolerance and withdrawal; shared genetic influences with normative personality and personality disorder traits," *Exp Clin Psychopharmacol.*, 29(6): 650~58, 2021.

54쪽 * Edelstyn, N.M., and Oyebode, F., "A review of the phenomenology and cognitive neuropsychological origins of the Capgras syndrome," *Int J Geriatr Psychiatry*., 14(1): 48~59, 1999.

** Miwa, H., and Mizuno, Y., "Capgras syndrome in Parkinson's disease," *J Neurol*., 248(9): 804~805, 2001.

Josephs, K.A., "Capgras syndrome and its relationship to neurodegenerative disease," *Arch Neurol*., 64(12): 1762~66, 2007.

56쪽 * Van Essen, D.C., Donahue, C.J., and Glasser, M.F., "Development and evolution of cerebral and cerebellar cortex," *Brain Behav Evol*., 91(3): 158~69, 2018.

58쪽 * Yu, F., Jiang, Q.J., Sun, X.Y., and Zhang, R.W., "A new case of complete primary cerebellar agenesis: Clinical and imaging findings in a living patient," *Brain*, 138(Pt 6): e353, 2015.

65쪽 * World Health Organization, "Deafness and hearing loss," April 1, 2021. https://www.who.int/news-room/fact-sheets/detail/deafness-and-hearing-loss.

67쪽 * Rose, N., and Abi-Rached, J.M., *Neuro: The New Brain Sciences and the Management of the Mind*, Princeton, NJ: Princeton University Press, 2013.

68쪽 * Scorza, K.A., and Cole, W., "Current concepts in concussion: Initial evaluation and management," *Am Fam Physician*, 99(7):

426~34, 2019.

69쪽 * Shields, S.D., Deng, L., Reese, R.M., Dourado, M., Tao, J., Foreman, O., Chang, J.H., and Hackos, D.H., "Insensitivity to pain upon adult-onset deletion of Navi.7 or its blockade with selective inhibitors," *J Neurosci.*, 38(47): 10180~201, 2018.

70쪽 * Song, E., Zhang, C., Israelow, B., Lu-Culligan, A., Prado, A.V., Skriabine, S., Lu, P., Weizman, O.E., Liu, F., Dai, Y., Szigeti-Buck, K., Yasumoto, Y., Wang, G., Castaldi, C., Heltke, J., Ng, E., Wheeler, J., Alfajaro, M.M., Levavasseur, E., Fontes, B., Ravindra, N.G., Van Dijk, D., Mane, S., Gunel, M., Ring, A., Kazmi, S.A.J., Zhang, K., Wilen, C.B., Horvath, T.L., Plu, I., Haik, S., Thomas, J.L., Louvi, A., Farhadian, S.F., Huttner, A., Seilhean, D., Renier, N., Bilguvar, K., and Iwasaki, A., "Neuroinvasion of SAR-Cov-2 in human and mouse brain," *J Exp Med.*, 218(3): e20202135, 2021.

Andrabi, M.S., and Andrabi, S.A., "Neuronal and cerebrovascular complications in coronavirus disease 2019," *Front Pharmacol.*, 11: 570031, 2020.

71쪽 * Mancuso, L., Uddin, L.Q., Nani, A., Costa, T., and Cauda, F., "Brain functional connectivity in individuals with callosotomy and agenesis of the corpus callosum: A systematic review," *Neurosci Biobehav Rev.*, 105 : 231~48, 2019.

72쪽 * Suarez, R., Paolino, A., Fenlon, L.R., Morcom, L.R., Kozulin, P., Kurniawan, N.D., and Richards, L.J., "A pan-mammalian map of interhemispheric brain connections predates the evolution of the corpus callosum," *Proc Natl Acad Sci USA*, 115(38) : 9622~27, 2018.

73쪽 * Debruyne, H., Portzky, M., Van den Eynde, F., and Audenaert, K., "Cotard's syndrome: A review," *Curr Psychiatry Rep*., 11(3) : 197~202, 2009.

Berrios, G.E., and Luque, R., "Cotard's delusion or syndrome? A conceptual history," *Compr Psychiatry*, 36(3) : 218~23, 1995.

81쪽 * Klein, M.O., Battagello, D.S., Cardoso, A.R., Hauser, D.N., Bittencourt, J.C., and Correa, R.G., "Dopamine: Functions, signaling, and association with neurological diseases," *Cell Mol Neurobiol*., 39(1) : 31~59, 2019.

** Brisch, R., Saniotis, A., Wolf, R., Bielau, H., Bernstein, H.G., Steiner, J., Bogerts, B., Braun, K., Jankowski, Z., Kumaratilake, J., Henneberg, M., and Gos, T., "The role of dopamine in schizophrenia from a neurobiological and evolutionary perspective: Old fashioned, but still in vogue," *Front Psychiatry*, 5 : 47, 2014.

82쪽 * Sacks, O., *Awakenings*, London: Duckworth, 1973.

85쪽 * Breasted, H., *The Edwin Smith Surgical Papyrus*, Chicago:

University of Chicago Press, 1930.

88쪽 * Diamond, M.C., Scheibel, A.B., Murphy, G.M., Jr., and Harvey, T., "On the brain of a scientist: Albert Einstein," *Exp Neurol.*, 88(1): 198~204, 1985.

** Anderson, B., and Harvey, T., "Alterations in cortical thickness and neuronal density in the frontal cortex of Albert Einstein," *Neurosci Lett.*, 210(3): 161~64, 1996.

Colombo, J.A., Reisin, H.D., Miguel-Hidalgo, J.J., and Rajkowska, G., "Cerebral cortex astroglia and the brain of a genius: A propos of A. Einstein's," *Brain Res Rev.*, 52(2): 257~63, 2006.

Falk, D., Lepore, F.E., and Noe, A., "The cerebral cortex of Albert Einstein: A description and preliminary analysis of unpublished photographs," *Brain*, 136(Pt 4): 1304~27, 2013.

95쪽 * Atta, K., Forlenza, N., Gujski, M., Hashmi, S., and Isaac, G., "Delusional misidentification syndromes: Separate disorders or unusual presentations of existing DSM-IV categories?," *Psychiatry(Edgmont)*, 3(9): 56~61, 2006.

96쪽 * O'Brien, G., "Rosemary Kennedy: The importance of a historical footnote," *J Fam Hist.*, 29(3): 225~36, 2004.

101쪽 * Zhang, W., Xiong, B.R., Zhang, L.Q., Huang, X., Yuan, X.,

Tian, Y.K., and Tian, X.B., "The role of the GABAergic system in diseases of the central nervous system," *Neuroscience*, 470 : 88~99, 2021.

103쪽 * Macmillan, M., and Lena, M.L., "Rehabilitating Phineas Gage," *Neuropsychol Rehabil.*, 20(5) : 641~58, 2010.

105쪽 * Piccolino, M., and Bresadola, M., *Shocking Frogs: Galvani, Volta, and the Electric Origins of Neuroscience*, Oxford, UK: Oxford University Press, 2013.

Bresadola, M., "Animal electricity at the end of the eighteenth century: The many facets of a great scientific controversy," *J Hist Neurosci.*, 17(1) : 8~32, 2008.

106쪽 * Butt, A., and Verkhratsky, A., "Neuroglia: Realising their true potential," *Brain Neurosci Adv.*, 2 : 2398212818817495, 2018.

107쪽 * van Gijn, J., "Camillo Golgi"(1843~1926), *J Neurol.*, 248(6) : 541~42, 2001.

Bentivoglio, M., Cotrufo, T., Ferrari, S., Tesoriero, C., Mariotto, S., Bertini, G., Berzero, A., and Mazzarello, P., "The original histological slides of Camillo Golgi and his discoveries on neuronal structure," *Front Neuroanat.*, 13 : 3, 2019.

110쪽 * Bir, S.C., Ambekar, S., Kukreja, S., and Nanda, A.,

"Julius Caesar Arantius(Giulio Cesare Aranzi, 1530~1589) and the hippocampus of the human brain: History behind the discovery," *J Neurosurg.*, 122(4) : 971~75, 2015.

111쪽 * Maguire, E.A., Woollett, K., and Spiers, H.J., "London taxi drivers and bus drivers: A structural MRI and neuropsychological analysis," *Hippocampus*, 16(12) : 1091~101, 2006.

** Azam, S., Haque, M.E., Balakrishnan, R., Kim, I.S., and Choi, D.K., "The ageing brain: Molecular and cellular basis of neurodegeneration," *Front Cell Dev Biol.*, 9 : 683459, 2021.

113쪽 * Arevalo, J., Wojcieszek, J., and Conneally, P.M., "Tracing Woody Guthrie and Huntington's disease," *Semin Neurol.*, 21 (2) : 209~23, 2001.

116쪽 * US Department of Health and Human Services, Office of Healthy Homes and Lead Hazard Controls, *American Healthy Homes Survey: Lead and Arsenic Findings*, Washington, DC: US Department of Health and Human Services, 2011.

** Mason, L.H., Harp, J.P., and Han, D.Y., Pb neurotoxicity: "Neuro-psychological effects of lead toxicity," *Biomed Res Int.*, 2014 : 840547, 2014.

117쪽 * Sandrone, S., "Rita Levi-Montalcini(1909-2012)," *J Neurol.*, 260(3) : 940~41, 2013.

120쪽 * Rodrigues e Silva, A.M., Geldsetzer, F., Holdorff, B., Kielhorn, F.W., Balzer-Geldsetzer, M., Oertel, W.H., Hurtig, H., and Dodel, R., "Who was the man who discovered the 'Lewy bodies'?," *Mov Disord.*, 25(12): 1765~73, 2010.

121쪽 * Loewi, O., *From the Workshop of Discoveries,* Lawrence: University of Kansas Press, 1953.

122쪽 * Hofmann, A., *LSD-My Problem Child,* New York: McGraw-Hill, 1980.

123쪽 * US DEA, Drug scheduling. https://www.dea.gov/drug-scheduling.

** De Gregorio, D., Aguilar-Valles, A., Preller, K.H., Heifets, B.D., Hibicke, M., Mitchell, J., and Gobbi, G., "Hallucinogens in mental health: Preclinical and clinical studies on LSD, psilocybin, MDMA, and ketamine," *J Neurosci.*, 41(5): 891~900, 2021.

Garcia-Romeu, A., Kersgaard, B., and Addy, P.H., "Clinical applications of hallucinogens: A review," *Exp Clin Psychopharmacol.*, 24(4): 229~68, 2016.

129쪽 * National Institute on Drug Abuse, "Is marijuana addictive." https://www.drugabuse.gov/publications/research-reports/marijuana/marijuana-addictive.

130쪽 * Hirschhorn, N., Feldman, R.G., and Greaves, I.A.,

"Abraham Lincoln's blue pills: Did our 16th president suffer from mercury poisoning?," *Perspect Biol Med.*, 44(3) : 315~32, 2001.

134쪽 * Corkin, S., "Lasting consequences of bilateral medial temporal lobectomy: Clinical course and experimental findings in H. M," *Seminars in Neurology*, 4 : 249~59, 1984.

135쪽 * Squire, L.R., "The legacy of patient H. M. for neuroscience," *Neuron*, 61(1) : 6~9, 2009.

Annese, J., Schenker-Ahmed, N.M., Bartsch, H., Maechler, P., Sheh, C., Thomas, N., Kayano, J., Ghatan, A., Bresler, N., Frosch, M.P., Klaming, R., and Corkin, S., "Postmortem examination of patient H. M.'s brain based on histological sectioning and digital 3D reconstruction," *Nat Commun.*, 5 : 3122, 2014.

** The Brain Observatory, May 1, 2021. https://www.thebrain-observatory.org/.

138쪽 * US DEA, "Drug scheduling." https://www.dea.gov/drug-scheduling.

142쪽 * Kimmel, J., "What it feels like to have narcolepsy," *Esquire*, August 2003, 74.

145쪽 * Organization for the Prohibition of Chemical Weapons, "Chemical Weapons Convention." https://www.opcw.org/

chemical-weapons-convention.

147쪽 * Wexler, A., and Reiner, P.B., "Oversight of direct-to-consumer neuro-technologies," *Science*, 363(6424) : 234~35, 2019.

148쪽 * Azevedo, F.A., Carvalho, L.R., Grinberg, L.T., Farfel, J.M., Ferretti, R.E., Leite, R.E., Jacob Filho, W., Lent, R., and Herculano-Houzel, S., "Equal numbers of neuronal and nonneuronal cells make the human brain an isometrically scaled-up primate brain," *J Comp Neurol.*, 513(5) : 532~41, 2009.

151쪽 * Voss, P., Thomas, M.E., Cisneros-Franco, J.M., and de Villers-Sidani, E., "Dynamic brains and the changing rules of neuroplasticity: Implications for learning and recovery," *Front Psychol.*, 8 : 1657, 2017.

157쪽 * Forbes, S.C., Holroyd-Leduc, J.M., Poulin, M.J., and Hogan, D.B., "Effect of nutrients, dietary supplements and vitamins on cognition: A systematic review and meta-analysis of randomized controlled trials," *Can Geriatr J.*, 18(4) : 231~45, 2015.

161쪽 * Boyden, E.S., "A history of optogenetics: The development of tools for controlling brain circuits with light," *F1000 Biol Rep.*, 3 : 11, 2011.

163쪽 * Sim, J.H., Roosli, C., Chatzimichalis, M., Eiber, A., and Huber, A.M., "Characterization of stapes anatomy: Investigation of human and guinea pig," *J Assoc Res Otolaryngol.*, 14(2): 159~73, 2013.

166쪽 * Parkinson, J., *An Essay on the Shaking Palsy*, London: Sherwood Neely and Jones, 1817.

169쪽 * Feindel, W., "The physiologist and the neurosurgeon: The enduring influence of Charles Sherrington on the career of Wilder Penfield," *Brain*, 130(Pt 11): 2758~65, 2007.

175쪽 * Corrow, S.L., Dalrymple, K.A., and Barton, J.J., "Prosopagnosia: Current perspectives," *Eye Brain,* 8: 165~75, 2016.

179쪽 * Centers for Disease Control and Prevention, *Rabies*, April 2, 2020. https://www.cdc.gov/rabies/index.html.

** Rapport, R., *Nerve Endings: The Discovery of the Synapse*, New York: W.W. Norton, 2005.

181쪽 * Sotelo, C., "Viewing the brain through the master hand of Ramón y Cajal," *Nat Rev Neurosci.*, 4(1): 71~77, 2003.

** Ramón y Cajal, S., *Charlas de café: Pensamientos, anécdotas y con-fidencias,* 3rd ed., Madrid: Imprenta de Juan Pueyo Luna, 1922.

Berciano, J., and Lafarga, M., "Pioneers in neurology: Santiago Ramón y Cajal(1852~1934)," *J Neuro.*, 248(2): 152~53, 2001.

190쪽 * Liu, N., Xiao, Y., Zhang, W., Tang, B., Zeng, J., Hu, N., Chandan, S., Gong, Q., and Lui, S., "Characteristics of gray matter alterations in never-treated and treated chronic schizophrenia patients," *Transl Psychiatry*, 10(1): 136, 2020.

Ehrlich, S., Geisler, D., Yendiki, A., Panneck, P., Roessner, V., Calhoun, V.D., Magnotta, V.A., Gollub, R.L., and White, T., "Associations of white matter integrity and cortical thickness in patients with schizophrenia and healthy controls," *Schizophr Bull.*, 40(3): 665~74, 2014.

** Fusar-Poli, P., and Politi, P., "Paul Eugen Bleuler and the birth of schizophrenia(1908)," *Am J Psychiatry.*, 165(11): 1407, 2008.

*** Gershon, M.D., and Tack, J., "The serotonin signaling system: From basic understanding to drug development for functional GI disorders," *Gastroenterology*, 132(1): 397~414, 2007.

191쪽 * Weisel-Eichler, A., and Libersat, F., "Venom effects on monoaminergic systems," *J Comp Physiol A Neuroethol Sens Neural Behav Physiol.*, 190(9): 683~90, 2004.

** Breathnach, C.S., "Charles Scott Sherrington(1857~1952)," *J Neurol.*, 252(8): 1000~1001, 2005.

195쪽 * Damasio, A.R., "Reflecting on the work of R. W. Sperry," *Trends in Neurosciences*, 5 : 222~24, 1982.

198쪽 * Centers for Disease Control and Prevention, "Spina bifida." https://www.cdc.gov/ncbddd/spinabifida/index.html.

201쪽 * Jones, J.M., and Jones, J.L., "Presidential stroke: United States presidents and cerebrovascular disease," *CNS Spectr.*, 11(9): 674~78, 719, 2006.

208쪽 * Bynum, B., and Bynum, H., "Trepanned cranium," *Lancet*, 392(10142): 112, 2018.

210쪽 * Twarog, B.M., "Serotonin: History of a discovery," *Comp Biochem Physiol C Comp Pharmacol Toxicol.*, 91(1): 21~24, 1988.

213쪽 * Hartley, I.E., Liem, D.G., and Keast, R., "Umami as an 'alimentary' taste: A new perspective on taste classification," *Nutrients*, 11(1): 182, 2019.

221쪽 * National Institute on Drug Abuse, "Biography of Dr. Nora Volkow," March 12, 2021. https://www.drugabuse.gov/about-nida/directorspage/biography-dr-nora-volkow.

224쪽 * Pillmann, F., "Carl Wernicke(1848~1905)," *J Neurol.*, 250(11): 1390~91, 2003.

뇌과학이 매력적인 이유

• 옮긴이의 말

요즘엔 뇌과학이라는 단어를 참 많이 접하게 됩니다. 뇌과학을 주제로 한 책도 아주 많고 방송이나 기사, 심지어 광고에서도 자주 보이죠. 뇌과학 전성시대인가 싶을 정도로요. 왜일까 생각하다 보니, 이건 비단 현재만의 일시적 '유행'은 아닐 거란 생각이 들었습니다. 뇌는 우리를 우리이게 하는, 우리의 정체성과 가장 깊이 연관된 신체 기관이니까요. 기쁨도 고통도 모두 뇌에서 감지되는 것이고, 우리가 살아가는 동안 우리의 존재를 구성하는 정신과 신체의 모든 일을 뇌라는 사령탑이 관장합니다. 그러니 심리적 문제든 신체적 문제든 우리 자신의 작동 방식을 이해하고 싶으면 뇌를 알고 싶어지는 건 당연한 수순이 아닐까요. 적어도 이 책을 집어 든 독자분이라면 그런 궁금증과 관심을 느끼는 분이겠지요. 이처럼 뇌과학이 매력적인 건 바로 우리 자신을 이해하는 열쇠를 쥐고 있기 때문일 겁니다.

하지만 살아 있는 사람의 뇌는 두개골에 감싸여 겉으로 보이지도 않을뿐더러, 본다고 하더라도 그 울룩불룩한 지방질 덩어리가 무슨 일을 하는지 이해하는 건 정말 어려운 일이죠. 그래서 아주 오랫동안 뇌에 관한 지식을 얻는 건 지난한 일이었습니다. 과거에도 당대의 지식과 기술 수준에 걸맞은 방식으로 뇌를 연구해왔지만, 여전히 뇌는 거대한 수수께끼로 남아 있었습니다. 그러다가 겨우 50여 년 전인 1970년대에 CT, MRI, PET 같은 영상기술이 개발되며 뇌과학 발전에 획기적인 시동이 걸렸고, 1990년대에는 실시간으로 뇌 활동을 보여주는 fMRI가 등장하면서 뇌과학은 더욱더 폭발적인 발전을 맞이했습니다. 이후 많은 연구가 이어지며 뇌에 관한 수수께끼들이 풀리고 있지요. 하지만 아직도 우리가 뇌에 관해 아는 것보다 모르는 게 더 많다고 합니다. 앞으로 또 얼마나 많은 뇌의 비밀이 새롭게 밝혀질지 정말 기대되고, 10년 뒤, 50년 뒤, 100년 뒤 뇌과학은 어떤 상태일지 궁금해집니다.

우리는 우선 지금까지 뇌에 관해 밝혀진 사실들을 알아가며 앞으로 뇌과학의 발전을 따라갈 기초 체력을 다져두면 좋겠지요. 이 책은 그러기에 딱 좋은 안내서입니다. 짤막한 글들이지만 겉보기와 달리 심도 있는 뇌과학적 지식도 자주 등장하는데요, 그래도 글이 짧아 아쉬운 마음이 든다면 그렇게 한층 깊어진 호기심으로 더 깊은 뇌과학의 세계로 들어가보세요. 일단 발을 들이면 헤어나기 어려운 뇌과학의 매력에 함께 풍덩 빠져보아요.

2024년 6월

정지인

한글 찾아보기(ㄱ~ㅎ)

Pedia A-Z 뇌

지은이 에릭 H. 처들러
그린이 켈리 처들러
옮긴이 정지인
펴낸이 김언호

펴낸곳 (주)도서출판 한길사
등록 1976년 12월 24일 제74호
주소 10881 경기도 파주시 광인사길 37
홈페이지 www.hangilsa.co.kr
전자우편 hangilsa@hangilsa.co.kr
전화 031-955-2000~3 **팩스** 031-955-2005

부사장 박관순 **총괄이사** 김서영 **관리이사** 곽명호
영업이사 이경호 **경영이사** 김관영 **편집주간** 백은숙
편집 박홍민 배소현 박희진 노유연 이한민 임진영
마케팅 정아린 이영은 **관리** 이주환 문주상 이희문 원선아 이진아
디자인 창포 031-955-2097
인쇄 신우 **제책** 신우

제1판 제1쇄 2024년 7월 15일

값 20,000원

ISBN 978-89-356-7875-4 03470